全世界孩子最喜爱的大师趣味科学丛书②

趣味物理学 续篇

ENTERTAINING PHYSICS II

〔俄〕雅科夫·伊西达洛维奇·别莱利曼◎著　　项　丽◎译

U0391591

中国妇女出版社

图书在版编目（CIP）数据

趣味物理学. 续篇 /（俄罗斯）别莱利曼著；项丽译. —北京：中国妇女出版社，2015.1（2024.6重印）
（全世界孩子最喜爱的大师趣味科学丛书）
ISBN 978-7-5127-0946-1

Ⅰ.①趣… Ⅱ.①别… ②项… Ⅲ.①物理学—青少年读物 Ⅳ.①O4-49

中国版本图书馆CIP数据核字（2014）第238413号

趣味物理学（续篇）

作　　者：〔俄〕雅科夫·伊西达洛维奇·别莱利曼　著　项丽　译
责任编辑：应　莹
封面设计：尚世视觉
责任印制：王卫东
出版发行：中国妇女出版社
地　　址：北京市东城区史家胡同甲24号　　　邮政编码：100010
电　　话：（010）65133160（发行部）　　　65133161（邮购）
法律顾问：北京市道可特律师事务所
经　　销：各地新华书店
印　　刷：北京中科印刷有限公司
开　　本：170×235　1/16
印　　张：17
字　　数：250千字
版　　次：2015年1月第1版
印　　次：2024年6月第43次
书　　号：ISBN 978-7-5127-0946-1
定　　价：32.00元

编者的话

　　"全世界孩子最喜欢的大师趣味科学"丛书是一套适合青少年科学学习的优秀读物。丛书包括科普大师别莱利曼的6部经典作品，分别是：《趣味物理学》《趣味物理学（续篇）》《趣味力学》《趣味几何学》《趣味代数学》《趣味天文学》。别莱利曼通过巧妙的分析，将高深的科学原理变得简单易懂，让艰涩的科学习题变得妙趣横生，让牛顿、伽利略等科学巨匠不再遥不可及。另外，本丛书对于经典科幻小说的趣味分析，相信一定会让小读者们大吃一惊！

　　由于写作年代的限制，本丛书还存在一定的局限性。比如，作者写作此书时，科学研究远没有现在严谨，书中存在质量、重量、重力混用的现象；有些地方使用了旧制单位；有些地方用质量单位表示力的大小，等等。而且，随着科学的发展，书中的很多数据，比如，某些最大功率、速度等已有很大的改变。编辑本丛书时，我们在保持原汁原味的基础上，进行了必要的处理。此外，我们还增加了一些人文、历史知识，希望小读者们在阅读时有更大的收获。

　　在编写的过程中，我们尽了最大的努力，但难免有疏漏，还请读者提出宝贵的意见和建议，以帮助我们完善和改进。

目 录

Chapter 1　力学的基本规律 → 1

Chapter 2　力、功与摩擦 → 21

Chapter 6　液体与气体 → 89

Chapter 7　热效应 → 135

Chapter 8　磁与电磁作用 → 163

Chapter 9　反射、折射与视觉 → 191

Chapter 10　声音与声波→ 241

Chapter 1
力学的基本规律

绝妙的旅行

17世纪（确切地说是1652年），法国有一个叫西拉诺·德·贝尔热拉克的作家，在他写的小说《月球上的国家史》中，讲到了一件非常有趣的事情：

在一次做实验的时候，不知怎么搞的，主人公突然升到了空中，还有一些玻璃瓶子也顺带升了上去。在天上飘了几个钟头后，他终于落了下来。令他惊奇的是，他并没有落回到法国，甚至不是在欧洲，而是到了美洲的加拿大。也就是说，在这几个小时里，他跨越了整个大西洋。想了一会儿后，主人公似乎想明白了其中的缘由：当他离开地球来到空中的时候，地球不是静止的，而是在自西向东自转。所以，当他从空中落下来的时候，地球已经转了一定的角度，他脚下的地方变成了美洲大陆，而不是法国或者欧洲其他地方了。

这件事听起来似乎很有道理，而且不失为一个非常经济的旅行方式——不需要花什么钱，而且非常简便易行。只要在空中停留那么一会儿，哪怕只有几秒钟的时间，就可以来到另一个地方。有了这个方法，我们根本不用穿越海洋或者整个大陆，更不会感觉到劳累，只要升到地球上面，等着地球转动，到了目的地后落下来就可以了（图1）。

这种经济的旅行方式只不过是幻想罢了。一方面，即便能够升到空中，我们也还是没离开地球，而是仍然处于随地球自转的大气层之中。我们知道，地球外面包裹着大气层，在地球自转的时候，这层空气会跟着地球一起转动，包括空气中的云、飞机，还有鸟、昆虫等。反过来说，如果大气层没有跟地球一起转动，我们恐怕就要整天生活在极强的大风之中了。这种大风可比最猛烈的飓风厉害多了。其实，我们站在地上让风吹过身体，和我们跟着空气一起运动，本质上是一样的。在没有风的时候，如果一个人骑着摩托车以100千米／小时的速度前进，一样会感觉到对面吹来的大风。

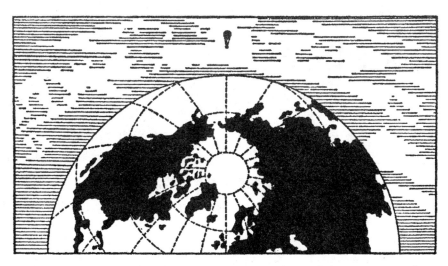

图1　我们能不能从高空中看到地球的转动？（此图并非按比例画的。）

另一方面，假设我们可以升得很高，到了大气层的最高端，或者假设地球上空不存在空气，我们也不可能像小说中说的那样旅行。在我们离开地面的时候，由于惯性作用，我们仍然会跟着地球前进，因此在落下来的时候，我们也还是会落到原来的地方。打个比方，这就像在火车上跳起来一样，落下来的时候，我们还是会落到起跳的位置。需要说明的是，当我们跳起来的时候，惯性会让我们沿着地球的切线运动，而不是绕着地球进行弧线运动，但是由于时间很短，这段距离可以忽略不计，并不会改变问题的实质。

"地球，我命令你停下来"

威尔斯 在一篇幻想小说中，描述了一个年轻人的特异功能。这个年轻人并不聪明，但是他拥有一种天生的本领，只要他许一个愿望，就会立刻实现。不幸的是，他的这一特异功能给自己和其他人都带来了很大的不便。故事的结局让我们很受启发。

赫伯特·乔治·威尔斯（1866~1946），英国著名科幻小说作家，代表作有《时间机器》等。

有一次，年轻人参加了一场晚宴。晚宴一直到很晚才结束，他怕回家的时候太晚了，就想把黑夜延长，但是没有想到合适的办法，因为要想延长黑夜，别的天体也要停止转动才行，他可没有把握自己有这个能力。这时，他的朋友提了个建议，让他把月亮停下来。但是，年轻人仍然觉得不可行，因为月亮离他还是太远了。他的朋友又建议道："试一试不就知道了？如果不能让月亮停下来，也可以让地球停下来啊！希望这么做不会产生其他的影响！"

"好吧，我试试。"这个年轻人说。

接着，年轻人大声说："地球，我命令你停下来！"话音刚落，他和朋友瞬间就飞到了空中，速度快得吓人。

年轻人一边飞行，一边想："这是怎么回事？不行，我得活着回到家里。"正在他又要许愿的时候，霉运再次降临了。

也就是几秒钟的工夫，年轻人和朋友落到了一个地方，那里好像刚刚爆炸过一样，周围全是石头和倒塌的建筑，旁边不时有盘子之类的物品飞过。幸运的是，他没有被这些物品砸到。接着，一头牛又飞过去了，在前面不远的地方摔得粉碎。强烈的大风呼啸着，使他看不清周围的一切。

年轻人大声吼叫着："这是怎么了？为什么会这样？为什么有这么大的风？难道是因为我许的愿吗？"

在猛烈的大风中，年轻人抬起头，看了看周围，然后说道："咦，天上没有什么变化啊？月亮还在。但是地上这是怎么了？城市去哪儿了？房子去哪儿了？大风是从哪里吹过来的？我没有下这样的命令啊！"

年轻人试图站直身子，可努力了几次之后，他还是放弃了。因为他根本就站不起来。他趴在石头和土堆里，使劲往前爬着。他的周围除了废墟，什么也没有。

年轻人想，宇宙中肯定有什么东西损毁了，但他不知道到底是什么。

是的，所有的一切都损毁了。房子、树木……都看不见了，更不用说生物了。剩下的只有废墟和散落一地的碎片。在狂风大作的空中，什么也看不清。

其实，为什么会发生这样的事情？道理很简单，年轻人在命令地球停止转动的时候，没有考虑惯性的问题。由于惯性，地球在突然停止转动的时候，会把表面上的所有东西都甩出去。包括房子、树木等所有没有和地球牢固地固定在一起的东西，都会沿着地球切线的方向飞出去。当它们再回到地球上的时候，由于速度极快，都会被摔成碎片。

年轻人虽然没有弄明白是怎么回事，但是他知道，自己期待的奇迹并没有发生。他陷入了深深的愧疚之中，并下定决心，以后再也不许愿了。而当前最迫切的事情，就是把毁掉的一切恢复原状。但是，这场突如其来的灾难太恐怖了，肆虐的狂风夹杂着尘土，把月亮都遮住了。不远处，甚至传来了洪水暴发的声音。在闪电的照射下，年轻人看到一堵水墙正在以令人恐怖的速度向他冲过来，他不得不对着水墙大喊一声："停

下来，我命令你停下来！"

接着，年轻人又命令雷电和狂风停下来。然后，他便陷入了思考之中。

"可千万不要再出这种乱子了！"他自言自语地说道，"如果我说的话还能应验，那就把我的神奇能力收走吧！我要做一个平凡的人，不要特异功能！这种能力太可怕了！在这之前，还是让所有的一切都恢复原貌吧！让城市、房屋、树木，还有其他的一切，都回到原来的样子吧！"

从飞机上投递

假设你正坐在一架飞行着的飞机上向窗外望去，突然看到了一个熟悉的地方——你朋友的房子，你突然冒出了一个念头：如果我写个便条，将它跟一个重物拴在一起，从飞机上扔出去，是不是能落到朋友家的院子里？

你可能会认为，如果正好在飞机飞到朋友家房子上方的时候，把拴着重物的便条扔出去，一定可以落到朋友家。但是，即便朋友家的房子恰好在飞机的正下方，重物也不会落到他家的院子里。

如果在扔出重物的时候，可以观察重物的运动轨迹，你会发现：重物在下落的时候，仍然处于飞机的下方，会跟着飞机一起往前飞行，就好像它跟飞机之间有一条绳子拴着一样。当重物落到地面的时候，它跟你的朋友家已经相距十万八千里了。

由于惯性的作用，重物在飞机上的时候，是跟飞机一起飞行的。当重物被扔到飞机外面的时候，它还是会以原来的速度继续前行。所以，重物在下落的过程中，会进行两种运动：一种是由重力引起的自由落体运动，一种是以原来的速度向前飞行的运动。前者的方向是垂直的，后者的方向是水平的。这两种运动同时作用，使这个重物沿着一条曲线斜向下运动。事实上，这就好像水平抛出的物体所进行的运动一样，都沿着一条曲线运动，并最后落到地面上。水平射出去的子弹进行的也是这种运动。

需要指出的是，在刚才的分析中，我们并没有考虑空气阻力的影响。在没有空气阻力的情况下，前面的分析是正确的。但是，空气阻力是客观存在的。它的存在会影响到重物垂直方向和水平方向的运动，所以重物在从飞机里被扔出去之后，会慢慢落到飞机的后面。当然了，这里我们假设飞机的飞行速度保持不变。

如果飞机的高度很高，飞行速度很快，重物偏离垂直落点的程度就会非常明

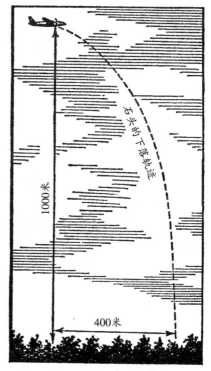

图2　从飞行中的飞机上落下的石头，它的运动轨迹不是竖直的，而是一条曲线。

显。如 图2 所示，在没有风的时候，假设飞机的高度是1000米，飞行速度是

100千米／小时，那么重物从飞机上掉落之后，会落到垂直落点前面，距离垂直落点的距离大概是400米。

如果不考虑空气阻力的影响，根据匀加速运动的公式，我们可以很容易计算得到：

$$s = \frac{1}{2}gt^2$$

$$t = \sqrt{\frac{2S}{g}}$$

也就是说，重物从1000米的高空落下的时间是 $\sqrt{\frac{2\times1000}{9.8}} = 14$ 秒。重物在这段时间内的运动速度是100千米／小时，那么它在水平方向上移动的距离

就是100000／3600×14≈390米。

影响飞行员投弹的几种情况

通过前面的分析，我们知道，空军飞行员要想把炮弹投到指定的地方，并不是一件很容易的事情。他需要考虑很多因素，既要考虑飞机的

飞行速度，又要考虑空气阻力的影响，还要考虑风力是否会改变炮弹的飞行轨迹。如图3所示，这是飞机在不同条件下投出的炮弹的飞行轨迹。在没有风的时候，炮弹的飞行轨迹是曲线AF；如果正好是顺风，炮弹就会沿着曲线AG飞行；如果是逆风，而且风力不大，炮弹就会沿着曲线AD飞行；如果一开始是逆风，下落到一定高度之后又变成顺风，它的飞行轨迹就是曲线AE。

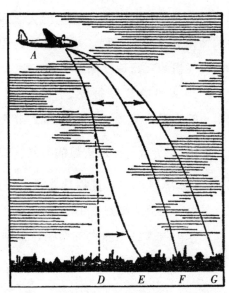

图3　不同情况下，从飞机上投下的炸弹的飞行轨迹。

在静止的站台旁边，有一列火车快速开过，如果你想上车，就只能跳上去。这件事情听起来简单，做起来却并不容易。但是，如果站台也是运动的，跟火车行进的方向一样，速度也一样，那么要想跳上这列行进的火车，就是很容易的事情了。

无须停车的火车站

这时，虽然火车依然在行进，但是当你走进火车的时候，就像走进一列静止的火车一样。如果你和火车是以相同的速度同向行驶，那么对你来说，火车就是静止的。刚才已经说过，火车其实一直在行进，并没有停下来。这时候，我们会感觉火车的轮子就好像在原地转动一样。从某种意义上来说，所有看似静止不动的物体都和我们一样，一直在绕着地轴和太阳进行着运动，只不过这些运动对我们的生活不会产生影响，所以我们忽略了它们。

事实上，这种站台并不难制造出来。在展览会上，我们经常能见到类似的装置，就是为了让参观的人快速浏览展台上的展品，而不用自己走来走去。在这样的展厅里，所有的展台就好像被一条铁道连在了一起一样，参观者可以在任何时候、任何地方上下"运动着的火车"。

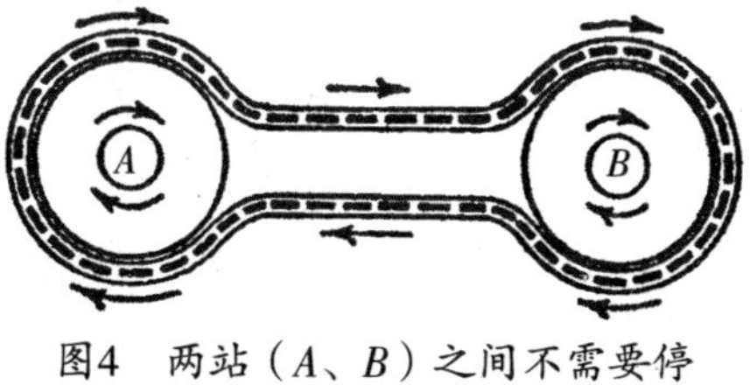

图4 两站（A、B）之间不需要停车的铁路构造示意图。

图4 所画的就是一个类似的装置。图中的 A 和 B 分别表示展厅两边的车站。在每个车站的中央，都有一个圆形的平台，它是静止不动的，乘客就是从这里上下

火车的。平台的外面有一个大转盘，在转盘外面有一圈锁链，锁链上挂着车厢。当大转盘转动的时候，外面的车厢就会随着转盘转动，乘客就可以很容易地从转盘进到车厢里，或者从车厢回到转盘上。乘客从车厢里出来，就可以来到转盘中间那块不动的平台上（见图5）。由于平台的半径很小，在转盘转动时，内缘上的点比转盘的外缘走过的距离要少得多，转盘靠近平台的地方圆周速度也会很慢。因此，乘客要想到达平台，并不是一件危险的事情。到了平台之后，乘客可以从桥上出站，非常方便。

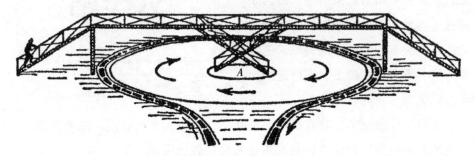

图5　不需要停车的火车站台。

从某种意义上来说，如果火车不用停靠站台，不仅节约时间，而且也节约了能源。我们经常可以见到，城市中的电车由于需要不停地停靠站台，将大量的时间和能源（大约有$\frac{2}{3}$）都耗费在了加速和减速上。其实，完全可以通过改进装置的方法，降低能源消耗。

回到前面的问题，如果想在火车全速前进时上下火车，我们也可以这么做。当火车快速通过一个站台的时候，让乘客提前坐到另一列火车上，并沿着前面火车前进的方向发动这列火车，使这列火车的速度慢慢跟上前面的火车，当两列火车的速度达到一致、并排前进的时候，这两列火车就是相对静止的了。这时，只要在两列火车之间架一座桥梁，把两列火车的车厢连起来，乘客就可以沿着桥梁，很容易地从一列火车进入另一列火车。这时候，站台就显得毫无用处了。

下面，我们来学习另一种装置，它也是利用相对运动的原理制造的。我们把它称为"活动式人行道"。1893年，在美国芝加哥的一次展会中，有人展出了这一装置。后来，1900年，在巴黎召开的世界博览

会上，有人也展出过类似的装置。如图6所示是该装置的结构图。从图中可以看出，它是由5条环形人行道组成，而且一圈套着一圈。在不同的机械力的作用下，分别以不同的速度运动着。

在这些人行道中，最外边的一圈速度最慢，大概是5千米/小时，这跟一个人步行的速度差不多。所以，人们可以很容易地走到这条人行道上。紧

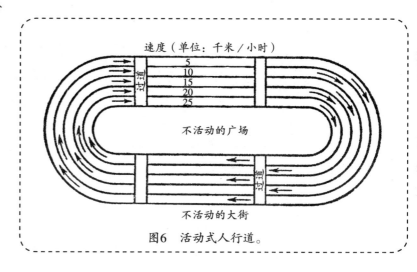

图6　活动式人行道。

挨着这一圈人行道的第二圈，速度是10千米/小时，如果是从静止的状态走到这条人行道上，是非常危险的，但是如果从第一圈走到这上面，就容易多了，因为第一圈和第二圈的相对速度只有5千米/小时。也就是说，从第一圈到第二圈，就相当于从静止的地面到第一圈，速度是一样的。第三圈人行道的速度是15千米/小时，根据前面的分析，从第二圈到第三圈也很容易。

同样的道理，从第三圈到速度为20千米／小时的第四圈也不是难事。最后，通过第五圈的人行道，可以把人们运到想去的地方。反过来也一样，乘客可以很容易地从速度最快的第五圈人行道回到静止的地面上。

一条费解的定律

艾萨克·牛顿（1643～1727），英国著名的物理学家，提出了牛顿运动定律、万有引力定律，被誉为"近代物理之父"。

在牛顿提出的力学三大定律中，最让人难以理解的可能就是"牛顿第三定律"了，也就是力的作用与反作用。我们都听说过这条定律，在日常生活中也经常用到，但很少有人能深入理解。也许你从接触开始就理解了，但我却是在知道这条定律的10年之后，才真正理解的。

在和很多人谈论这条定律时，我经常认为，他们其实并没有从根本上对这条定律表示认同。对于相对静止的物体来说，力的作用与反作用很容易理解，但对于运动的物体来说，就不是那么容易了。定律上说"作用等于反作用"。我们可以想象这样一个例子：马拉车，马走的时候，马向前拉车的力等于车向后拉马的力。这样的话，马车应该不动才对呀，但为什么马车还是向前运动了呢？两个相反方向的力相互作用，不是应该相互抵消吗？

对这条定律，大家经常会产生这种误解。那是不是说这条定律本身就是错误的呢？当然不是，这条定律本身并没有错，只是大家没有从根本上理解而已。两个力的方向虽然是相反的，但并不是作用在同一个物体上，所以不能相互抵消（一个力作用在车上，一个力作用在马上）。这两个力的大小是一样的，但并不是说，同样大小的两个力会产生同样的效果。比如，同样大的两个力作用在不同的物体上，产生的加速度一定相同吗？力对物体的作用和物体本身之间的反作用有没有关系？

明白了这些，就能很容易地理解马车的工作原理了。即便马车也用同样大小的力向后拉马，马仍然能拉着车向前走。虽然作用在车上的力等于作用在马上的力，但车是靠车轮的位移向前移动的。马是蹬在地面上的，所以车很自然地就向着马拉的方向前进了。还可以这么理解：如果马拉车的时候，车对马没有形成反作用力，那么就根本不需要马拉了，只要对车施加一个很小的力，车就能向前走。车要靠马来拉，才能克服作用在车上的反作用力。

在理解牛顿第三定律时，我们可以将"作用等于反作用"改成"作用力等于反作用力"，这样就很容易让人理解，也不会产生前面的错误认识了。人们通常认为，"力的作用"就是物体的位置移动。要是这么理解的话，当两个相等的力作用到不同的物体上时，产生的作用很可能是不同的。

有这样一个例子：

> 一艘船困在了北极。冰雪紧紧裹住船身，船舷被浮冰紧紧挤压，船舷也以同样大小的力作用在浮冰上。冰块可以很容易地经受得住船舷的压力，但是即便船身是用钢材铸造的，由于不是实心的，也根本无法承受冰块对船身的压力。所以它会被冰块挤破，酿成惨剧。

在落体运动中，这一定律同样适用。正是由于有地球的引力，苹果才会落到地面上。但同时，苹果对地球也有同样大小的引力。苹果和地球，作为两个物体来说，都可以理解为落体，但下落的速度不同。苹果和地球之间的引力是相等的，苹果得到的加速度是10米／秒^2，由于地球的质量要大得多，得到的加速度就会小得多。相对于地球来说，苹果的质量是可以忽略不计的，地球向苹果移动的距离也可以忽略不计。所以，我们说"苹果落到了地上"，而不说"苹果和地球相向落下"，或者"地球落到了苹果上"。

大力士斯维雅托哥尔的死亡之谜

在一首民间歌谣中，大力士斯维雅托哥尔梦想有一天能把地球举起来。在这里，我们先不去考证是不是真的有这首民歌。其实，阿基米德也曾经说过同样的话。他说，如果给他一个支点，他可以利用杠杆撬动地球。不同的是，大力士没有杠杆，只有力气。所以，在大力士看来，只要有一个东西可以让他抓住，能够使得上劲儿，就可以了。他说："只要能找到一个地方，可以让我发力，我就可以把地球举起来。"巧合的是，还真的让他找到了这个地方，那是一条牢固的"小褡裢"。"它真的很牢固，一点儿也不松动，更不会被拔出来。"

于是，大力士从马上跳下来，抓住了这条褡裢，把它提到了膝盖的位置。不过他的脚也跟着深陷进了泥土里。他的脸色变得苍白，脸上没有眼泪，只有鲜血。他就那样陷在土里，再也没有起来。大力士就这样去世了。

如果大力士知道力的作用与反作用定律，他也许就不会做这样的傻事了。因为他的力气会全部反过来作用到自己的身上。这个反作用力肯定要把他拉到泥土里去的。

从刚才的故事中，我们知道，在牛顿的著作《自然哲学的数学原理》发表以前，人们早就已经在日常生活中体会到力的作用与反作用定律了。

没有支撑，真的能运动吗

人类在走路时，需要用双脚蹬着地面或者屋子的地板。当地面或者地板特别光滑的时候，比如，在冰面上，因为脚蹬不住，人们就没办法走路了。火车在开动的时候，就是依靠它的主动轮推着铁轨前进的。假如在铁轨上抹上油，让它变得十分光滑，主动轮就没法推动铁轨，火车也就没法前进了。当然，在一般情况下，我们不会在铁轨上抹那么多油，但是如果天气特别冷，铁轨结冰了，也会非常滑。这时，为了保证火车能够正常行进，就需要采取一些措施，比如，在铁轨上撒上沙子，让主动轮前进时有所附着。人类在发明铁路之初，认为车轮必须推动铁轨才能行进，所以当时的车轮和铁轨上都有凹凸不平的齿状设计。同样的，轮船是依靠螺旋桨的推进作用，把水推开，从而向前开动的。而飞机飞行是依靠螺旋桨来推开空气实现的。由此可知，物体无论在什么介质中运动，都需要依靠这种介质。如果没有了介质的支撑，物体能否运动呢？

没有外在介质的支撑，却想运动起来，就好像抓自己的头发把自己提起来一样。《吹牛大王历险记》的主人公闵希豪生男爵曾经尝试过这种方式，但是没有成功。不过我们可能没有注意，这样看似不可能的事情，其实经常发生。一个物体确实不可能完全依靠内部的力量动起来，但它们却可以让自己分成两部分，一部分向一个方向运动，另一部分向另一个方向运动。比如，我们经常在电视上看到火箭飞行。很多人可能都惊叹过火箭的神奇，却没有想过："火箭为什么能飞行？"下面就以火箭为例，来说明一下上面提到的这种运动。

15

火箭的飞行原理

很多研究物理的人，可能也不能正确地解释火箭的飞行原理。他们一般会认为：火箭之所以能高速飞行，是因为燃料燃烧产生了大量气体，推开了旁边的空气。人们在很早以前就已经发明了火箭。当时，人们基本也是这样认为的。但这种解释正确吗？不妨假设一下，把火箭放到一个真空的环境里，没有了空气的阻力，火箭能够飞得更快！那上面对火箭飞行原因的解释就站不住脚了，这说明火箭能够飞行另有原因。

曾在1881年参与刺杀亚历山大二世的一名刺客，在笔记里记录过这样一个实验：

做一个一端封闭一端开放的圆筒，用强效的火药将开口的一端塞紧。圆管的中间是空的，像一个中空的管道。当点燃火药时，火药从内表面开始燃烧，经过一段时间，燃烧扩散到外表面。随着气体的燃烧，产生了不同方向的压力。气体向两侧的压力可以相互抵制平衡。因为圆筒一端开放一端封闭，这个方向的压力自然无法平衡。于是，朝向封闭方向的压力实现了圆筒的飞行。

发射炮弹时也是同样的情形：炮弹向前飞，炮身却是向后坐的。手枪等武器在发射时，也会产生后坐力。假如大炮悬在空中没有任何支撑，那么炮身在发射炮弹之后，肯定是向后运动的，而炮身向后运行的速度与炮弹的前行速度之比，等于炮弹和炮身的重量之比。凡尔纳创作的科幻小说《北冰洋

儒勒·凡尔纳（1828~1905），法国著名小说家、剧作家及诗人，被称为"科幻小说之父"，代表作为《海底两万里》《气球上的五星期》等。

的幻想》中的主人公就曾幻想利用大炮超级强大的后坐力把地轴扶正。

火箭就像一枚大炮，只是它射出的不是炮弹，而是火药气体。中国有一种焰火就是根据这个物理原理制作的。在焰火中的轮子上面装上一根火药管，点燃火药，气体就会从一个方向冲出来，火药管就会带着轮子向着气体相反的方向冲出去。有一种叫西格纳尔轮的物理仪器，和焰火的运作原理是一样的。

人类在发明蒸汽机以前，曾经利用这一原理设计过一种机械船。在机械船的船尾装有一个强力压水泵，通过把船里的水压出去，从而将船推动起来。在一些中学物理实验课上，也进行过类似的实验，只不过将机械船换成了一个铁罐之类的东西。人类虽然有过这种机械船的设计，但并没有真正制造出这样的船。尽管如此，它仍然给 富尔顿 提供了灵感，让富尔顿从中得到启发，最终促成了轮船的发明。

> 富尔顿（1765～1815），美国著名工程师，制造了世界第一艘以蒸汽机作为动力的轮船。

公元前2世纪，希罗也是利用这个原理，制造了最早的蒸汽机。如 图7 ：把球安装在一个水平轴上。蒸汽通过管道 abc 从汽锅 D 进入这个球体。随后，蒸汽从球体上的两个管子中冲出，推动管子向两个相反的方向运动，从而带动球体转动。

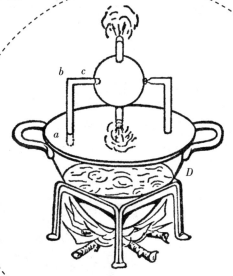

图7 希罗的蒸汽机（涡轮机）工作示意图。

只可惜，希罗的蒸汽机只是被作为玩具看待，没有被很好地开发利用。因为希罗是一个奴隶。（在当时，奴隶的劳动是不会被人重视的，人们瞧不上希罗的发明，就更不可能将它用在机器上。但制作原理是正确的。我们现在制造的反动式涡轮机，就是以希罗的蒸汽机为原型。）

作用与反作用定律是由伟大的物理学家牛顿提出的。如图8所示，牛顿根据这个原理，设计了人类最早的一辆蒸汽汽车。在蒸汽汽车的车轮上装有一个汽锅，蒸汽从汽锅中向一个方向喷出，带动着车轮向着相反的方向运动，车子就开起来了。

图8　牛顿发明的蒸汽汽车。

大家如果有兴趣，可以按照图9的方法做一艘蒸汽小船。这艘船和牛顿的蒸汽汽车的制作原理是相同的。这艘蒸汽小船是这样制作的：用空蛋壳当汽锅。在汽锅下面放一个顶针，在顶针里放一块蘸满酒精的棉花，点燃棉花，汽锅里就会产生蒸汽。蒸汽向同一个方向冲出，小船就有了"后坐力"，从而向相反的方向前进。这个小玩具可以做得很精致，相信心灵手巧的你一定可以完成。

图9　用纸片和蛋壳做成的蒸汽小船。

"抓住自己的头发，把自己提起来"其实是自然界很多动物的运动方式。你是不是觉得很惊讶？但这是事实，比如，乌贼就可以这样做。

乌贼的神奇运动方式

乌贼的身体侧面有很多孔，前面还有一个形状奇特的漏斗。乌贼通过身体侧面的孔和前面的漏斗把水吸进腮腔内，然后又通过漏斗把水排出体外。这样，它的身体就得到了从后面推动的力量，从而快速向前移动。如图10所示，乌贼还有个能耐，就是在排水时可以将漏斗指向不同的方向，以此得到不同方向的反作用力。于是，它就可以向任意一个方向运动了。

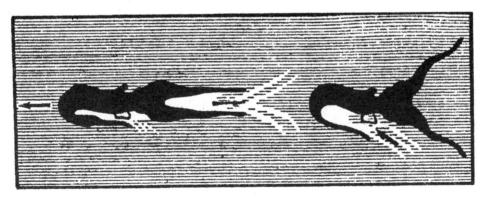

图10 游水的乌贼。

不只是乌贼，大多数足类软体动物都是采用这样的方式在水里运动的，比如，水母。水母通过收缩身体的肌肉，把水从自己的身体下面排

出来。根据作用力与反作用力的定律，得到一个反向的推力，从而向前游动。同样，蜻蜓的幼虫和其他生活在水中的动物，都是采用类似的方法运动的。

Chapter 2
力、功与摩擦

《天鹅、梭子鱼和虾》是俄国著名寓言家伊万·安德列耶维奇·克雷洛夫创作的寓言作品。

关于寓言故事《天鹅、梭子鱼和虾》的思考题

很多人都读过《天鹅、梭子鱼和虾》这则寓言。在故事里，天鹅向天上拉车，龙虾后退着拉车，梭子鱼向水里拉车。它们的力如图11所示：第一个力是天鹅向上的拉力（OA）；第二个力来自梭子鱼向旁边的拉力（OB）；而第三个力是龙虾向后的拉力（OC）。寓言中说："三种动物一起拉货车的时候，货车还是停在原处。"换成物理学来解释这则寓

图11 根据力学原理，解决寓言故事《天鹅、梭子鱼和虾》中的力学问题。

言故事，就是：这几种动物作用在货车上的合力为零。如果我们从力学的角度看三种动物的拉车问题，可能就会与寓言作者克雷洛夫的结论完全不同。实际上作者忽略了一个力，那就是货物本身的重量，这是第四个力。

结果真的会像寓言里说的那样，货物不会被拉动吗？我们一起来分析一下：竖直往天上飞的天鹅，力量是向上的，它实际上帮助了龙虾和梭子鱼。因为天鹅的拉力跟货物的重力方向是相反的，这样就减小了车轮与地面、车轴间的摩擦力。对龙虾和梭子鱼来说，天鹅的拉力可以让货车的重量减少，甚至可能完全抵消货车的重量。因为在寓言里已经说到，对几种动物来说，货车并不是很重。

为了方便读者理解，我们假设货车的重量被天鹅的拉力完全抵消，这样就只剩下龙虾和梭子鱼的两个拉力了。而这两个力的方向一个是"龙虾往后退"，一个是"梭子鱼向水里拉"。用常识来判断，这几种拉车的动物肯定不希望最后把货车拉到水里去。如图11所示，水在货车的侧面，而龙虾和梭子鱼两个力之间肯定是互相成角度的。如果这两个力之间所成的角不是180°，那么它们的合力就不会完全抵消为零。

根据力学原理，以OB和OC为边，画一个平行四边形，这个平行四边形的对角线OD就代表了合力的大小和方向。很明显，这个合力是可以拉动货车的，而且还有天鹅的帮助，货车的部分重量甚至全部重量都消失了，所以货车更容易被拉动。那么，还可以追问一句：货车往哪个方向移动了呢？是向前、向后，还是向旁边？这就要由几个力之间所成的角度和相互关系来决定了。

如果对力的合成和分解有一定的了解，读者就会发现：即使天鹅的拉力和货车的重量不能完全抵消，货车也不会停留在原地。因为只有当车轮、地面和车轴之间的摩擦力比几个动物的合力都大的时候，货车才不会被拉动。但因为寓言里已经交代了"对它们来说，货车是很轻的"，所以货车静止不动是不可能的。因此，无论怎样，作者克雷洛夫都不应当断言"货车一点儿都没有动"或"货车还停留在原地"。

克雷洛夫的寓言又错了

克雷洛夫本想通过这则寓言表达一个道理："伙伴们之间的意见如果不能达成一致，他们将会一事无成。"他的想法虽然很好，但从物理学上来看确实存在疏漏：几个力或许不是朝着同一个方向，但还是会产生一定的效果。

克雷洛夫还曾经把蚂蚁写成"模范工作者"。但你知道勤劳的蚂蚁是怎样工作的吗？它们就是按照这位寓言作家讽刺的方式进行协同工作的，而且它们的工作还总能顺利完成，这就是力的合成规律。

如果你仔细观察正在工作的蚂蚁，就会发现：实际上，蚂蚁之间并没有什么合作，它们都是自顾自地在埋头苦干。有位动物学家对蚂蚁的工作方式进行了详细描述。

如果一群蚂蚁在一条没有阻碍的路上一起拉一个物品，这些蚂蚁都在向同一个方向用力，看起来就好像是在齐心协力地做事。但当它们在路上遇到了草根、石子这样的障碍物，需要拉着物品绕弯的时候，你就会发现：其实，每只蚂蚁都是自顾自地做事的，前后左右向哪儿拉的都有，并没有齐心协力地一起拉着物品通过障碍物（图12和图13）。它们倒是不停地变换着所拉物品的位置，

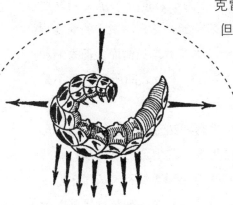

图12　蚂蚁是这样拉毛毛虫的。

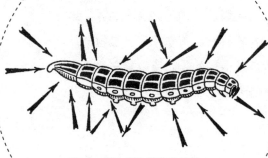

图13　蚂蚁是这样拉猎物的。

但每只蚂蚁都自己决定是推还是拉，方向更是东南西北都有，毫无规律。有时，还会出现这样的情况：4只蚂蚁推着物品向东走，6只蚂蚁却向西拉，由于4只蚂蚁终究抵不过6只蚂蚁的力量，所以这个物品就朝着6只蚂蚁的方向移动了。

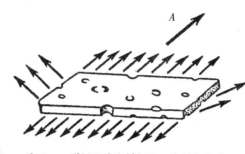

图14　一群蚂蚁是这样搬运一块干奶酪的。

我们还可以找到另外一个例子来说明蚂蚁之间其实没什么合作。如 图14 ，25只蚂蚁正拉着一块正方形的干奶酪，奶酪逐渐沿着箭头A的方向移动。按照我们对蚂蚁是"齐心协力"工作典型的理解，会认为：前面一排的蚂蚁是在拉奶酪，而后面一排是在推，两边的蚂蚁也是在帮助前后奋力工作的蚂蚁。实际并非如此，如果我们用小刀把后面那排蚂蚁给隔开，你会发现奶酪会移动得更快，因为后面的蚂蚁根本不是在向前推，而是在帮倒忙，往后拉，所以后排的蚂蚁反而阻碍了前排的蚂蚁，抵消了它们的力量。要想搬走这块奶酪，其实只要4只蚂蚁就够了，就是因为它们各顾各的，没有齐心合力，以至于动用了25只蚂蚁的"庞大军团"才把奶酪搬走。

马克·吐温在很早的时候就注意到了蚂蚁的工作特征。他曾经讲过一个关于两只蚂蚁的故事：

> 有两只蚂蚁运气很好，找到了一条蚱蜢腿。两只蚂蚁各自咬住蚱蜢腿的一端，都用尽全力地拉着。它们似乎也觉察到了有哪里不对。原本两只蚂蚁是应该一起拉蚱蜢腿的，结果却变成了相互争夺，最终它们争吵并打起架来。……过了一会儿，它们终于明白了过来，和解了。于是，它们重新开始一起去拉蚱蜢腿。但这时候因为打架，有一只蚂蚁受伤了，它成了一个累赘。但它可不愿意放弃这道"美味"，它就吊在蚱蜢腿上。这下可好了，那只健壮的蚂蚁不得不花费更大的力气才把食物拉回洞穴。

果戈里（1809～1852），俄国批判主义作家，代表作有《钦差大臣》《死魂灵》。

蛋壳是自然界中的"坚固盔甲"

在 果戈里 的小说《死魂灵》中，有一个人叫基法·莫基耶维奇，他总是不停地思考各种哲学问题，其中一个问题是这样的："哼……如果大象也是用蛋孵出来的话，那它的蛋壳得多厚啊，估计得厚到连炮弹都打不碎吧！嗯……看来是时候发明一种更先进的武器了。"

如果小说中的这位哲学家知道即使是普通的蛋壳，虽然看起来很脆弱，但实际上远比我们想象的结实，一定会很惊讶。如 图15 所示，如果你用两只手把鸡蛋握住，并用掌心用力挤压鸡蛋的两端，你会发现原来想把鸡蛋压碎并不是那么容易，需要很大的力气。

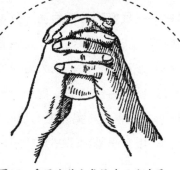

图15　采用这种方式很难压破鸡蛋。

蛋壳之所以这么坚固，就是因为它特殊的形状——凸出的。我们常见的各种穹窿和拱门同样非常坚固，也是基于同样的道理建造的。

图16 画的是一个放置在窗顶上的石拱门。重物S（窗顶上墙的重

图16　石拱门坚固的原理。

量）有一个向下的压力，这个压力用箭头A表示，作用在拱门中心，也就是石头M上。由于石头M是楔形的，卡在旁边的两块石头中间，所以它不会掉下来。根据平行四边形规则，力A可以分解成图中的B和C两个力。这两个力又被来自相邻的两块石头的阻力给抵消了。在这种情况下，因为石头M的形状虽然能够阻止它自身往下掉，但并不能妨碍它往上升。所以，如果从外向内去压迫拱门，这个力是不会把拱门压坏的。但是，如果从内往外施加压力，拱门就无法支撑了，会很容易被破坏。

一个完整的蛋壳也是类似于这样的拱门，只不过是一个整块的拱门，所以看起来很脆弱，但即使受到压力也不会如想象中那么易碎。你可以找一张比较沉的桌子，然后把桌子的4条腿放在4个生鸡蛋上，你会发现蛋壳不会破。（当然，在光溜溜的鸡蛋上可不好放桌子，你可以将桌子粘在蛋壳上。这样可以加宽鸡蛋两端的受压面积，让鸡蛋容易立住。）

现在大家就知道了，为什么母鸡在孵小鸡时不担心自己的重量会把鸡蛋压破，而弱小的鸡雏却只需在蛋壳里面啄几下，就可以把蛋壳弄破，挣脱这个坚固的“牢笼”。

用一把勺子敲击鸡蛋，很容易就可以把它敲碎了。我们可以想象一下，在天然的条件下，蛋壳可以承受的压力有多大。为了保护发育中的小生命，大自然为它们制造了多么坚固的“盔甲”呀！

同样的道理，电灯泡虽然看起来非常的单薄、脆弱，但是实际上也很坚固。而且，因为灯泡几乎是中空的，没有物质来抵抗来自外面空气的压力，所以会更加牢固。要知道，灯泡受到的来自空气的压力可不小：一个直径为10厘米的灯泡，它两面所受的压力差不多在75千克以上，相当于一个成年男性的重量。有实验证明，如果是真空灯泡的话，它能承受的压力更大，可以达到这个压力的2.5倍。

"逆风行船"

有丰富驾船经验的水手说：完全正面迎着风驾船几乎是不可能的，很难想象帆船逆风而行。只有与风形成一定角度的时候，帆船才能前进。而且，这个角度不能太小，不能小于直角的 $\frac{1}{4}$，也就是22°左右，这时，帆船的行进情况和逆风行驶的时候是差不多的。对水手来说，无论是迎着风的轨道行驶还是在小于22°夹角的轨道行驶，都是同样难以实现的。

但这两种情况也并非完全相同。我们来解释一下当帆船和风有一定角度时，帆船是如何前进的。首先，我们来看看风是如何推动船帆前进的。很多人也许都会认为：风往哪里吹，船就往哪里前进。事实并非如此。因为无论风朝哪里吹，它总会产生一个力始终垂直于帆面。这个力推动着帆船前进。以 图17 为例，箭头代表风向，AB代表船帆。因为整个船帆上的风力都是平均的，我们用一个箭头R来表示风对船帆的压力，压力R作用于船帆的中心。根据平行四边形原理，我们可以将压力R分解为两个力：一个是跟帆面垂直的力Q，另一个是与帆面平行的力P（图17右图），因为风与帆面之间的摩擦力很小，所以力P并不会推动船帆。那么就只剩下力Q了。力Q会顺着帆面垂直的方向，

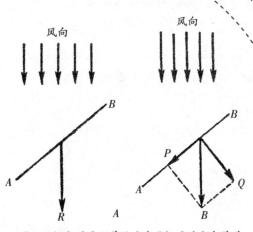

图17　帆船总是顺着风垂直于帆面的方向前进。

推动船帆前进。

明白了这一点，我们就知道为什么和风向成一个锐角的情况下，还能够逆风而行了。假设 图18 中的KK代表帆船的龙骨线，风吹向船帆，箭头所指的方向代表风向，它与帆船的龙骨KK成锐角。AB表示帆面，我们将AB的位置设定为恰好平分龙骨和风向之间的夹角。通过分解图18中的力可得：风对船帆的压力Q垂直于帆面。可以将力Q分解为两个力：力R垂直于龙骨线KK，力S则作用在

图18　逆风行驶的帆船的受力分析图示。

龙骨线的方向上。由于帆船的龙骨没在水里很深的地方，所以帆船在朝B方向前进的时候，来自水的阻力会很大，水的阻力会抵消力R。于是，就只剩下了力S，由它推动着帆船向前行进。（之所以将AB设定为平分龙骨与风向之间的夹角，是因为只有在这种情况下，力S最大。）由此可见，帆船跟风向之间是存在一个角度的，就好像在逆风行驶。通常情况下，帆船的运动路线是"之"字形的，如 图19 所示。而且水手们把帆船的这种行驶方式称为"抢风行船"。

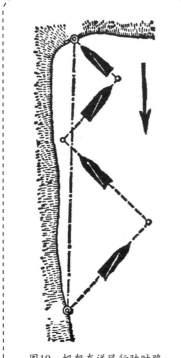

图19　帆船在逆风行驶时路线是"之"字形的。

阿基米德（前287~前212年），古希腊哲学家、数学家、物理学家，被誉为"力学之父"。

阿基米德真的能撬起地球吗

最早发现杠杆原理的 阿基米德 曾说过这样的话："给我一个支点，我就能撬起地球！" 普鲁塔克 在其著作中，曾有这样一段记录：

有一天，阿基米德给叙拉古国国王希伦写信。这位国王是阿基米德的朋友，也是他的亲戚。阿基米德在信中对他说："只要有一定大小的力，我可以移动任何重量的物体。"阿基米德喜欢引用更有力的证据来证明自己的话，所以他还补充道："如果在地球之外还有一个地球的话，我就能从这个地球上把我们生活的地球移动。"

普鲁塔克（46~120），希腊史学家、传记作家，代表作有《希腊罗马名人传》等。

因为阿基米德知道，利用杠杆原理，只需很小的力——只需把这个物体放在杠杆短的一端，而将力作用在杠杆的长臂上，我们就可以把任何重量的物体举起来。所以他认为，如果有一根足够长的杠杆，用足够大的力气作用于这根长的杠杆臂，他就能撬起质量与地球差不多的重物。

但是，这位伟大的力学家如果知道地球的质量有多大，或许他就不敢夸海口了。假设阿基米德真的找到了一个可以做支点的另一个"地球"，而且他也找到了一根足够长的杠杆，大家是否知道：他要用多久，才能把地球举起来呢？而且仅仅举起一厘米？答案是不少于30万万万年！

天文学家们都知道地球的重量。如果将与地球质量差不多的物体拿到地球上来称的话，质量大约是：6000000000000000000000000吨。举个例子，一个能举起60千克重物的人，他如果想举起地球，就需要一根长臂等于短臂1000000000000000000000倍的杠杆！通过简单的计算可以算出，短臂的一端哪怕只是想要举高1厘米，长臂那一端都要在宇宙间画一个超级大的弧形，这个弧长大约是：1000000000000000000千米。

这就是说，如果阿基米德想把地球举起1厘米，他扶着杠杆长臂一端的手就要移动上面所说的那个长度——一个无法想象的距离！需要多久呢？假设阿基米德将一个60千克的重物抬高1米需要1秒钟的话，那么他将地球举起1厘米所用的时间就是：1000000000000000000000秒，也就是30万万万年！所以，别说是1厘米了，哪怕是将地球撬起头发丝般的高度，阿基米德用一辈子的时间都无法完成（图20）。

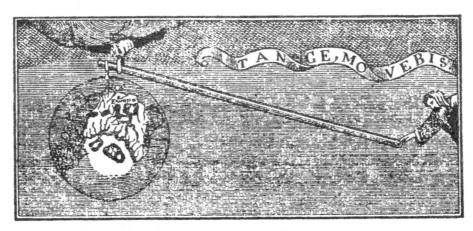

图20 "阿基米德用杠杆举起地球"。

尽管这位天才的发明家非常聪明，但也无法帮助他缩短这个时间。根据力学的"黄金定律"：任何一种机器，想要在力量上省事，在移动的距离上，也就是所用的时间上就要相应地增加。所以，即使阿基米德的手运动得特别快，甚至达到自然界最快的速度——光速（300000千米/秒），他要想把地球举起1厘米，即使不进行任何停歇，也需要花费十几万年的时间。

大力士马迪夫和欧拉公式

凡尔纳笔下有一个叫马迪夫的大力士，"他的头很大，身子很高，胸膛壮得像铁匠的风囊，腿粗得像木头柱子，胳膊像起重机，拳头大得像铁锤……"大家知道他吗？他在小说《桑道夫伯爵》中曾立下汗马功劳，其中最引人注目的功劳就是徒手拉住了正要下水的"特拉波克罗"号大船。

凡尔纳是这样描写大力士马迪夫的这一壮举的：

支撑船身的物体已经移走，船已经做好了下水的准备。只要解开缆索，船就会离开岸边，顺着水滑下去。有五六个木工已经在船的龙骨下紧张地忙碌着，观众们则好奇地看着他们工作。就在这时，有一艘快艇进入了人们的视线，它绕过岸边凸起的地方急速行驶着。快艇如果想要进入港口，就必须从"特拉波克罗"号要下水的船坞前开过去。所以，船工为了避免发生意外，一听见快艇的信号，就赶紧停止了解缆工作，想让快艇先开过去。要知道，"特拉波克罗"号是横着驶入大海的，而快艇正以极快的速度冲过来，如果快艇撞到了大船，一定会沉没的。

夕阳下，"特拉波克罗"号白色的篷帆就像是镀了一层金漆，非常华丽，所有的人都注视着它。此时，工人们已经停止了手头的工作。快艇的速度很快，已经出现在船坞的正前方。此时，船坞上无数的观众都目不转睛地盯着它，想看它能否安全地冲过去。突然，人群中传来了一阵惊呼，原来在快艇的右舷正对着"特拉波克罗"号大船的时候，大船竟然摇摇摆摆地滑下去了，而且正以很快的速度斜着向下滑去。此时，大船的船尾已经入水了，船头也升起了因摩擦而产生的烟雾……眼见这两条船就要撞上了——一场可怕的灾难似乎已无法避免！

这时候，突然有一个人出现了！他用手抓住了"特拉波克罗"号船身上的缆索，身子几乎贴在了地面上。他铆足了劲儿，拉着大船，只用了1分钟，就把船拉了回来，把缆索固定在了地上的铁桩上。这时候，他依然冒着被摔死的危险，一直用手紧紧地拉着缆索，坚持了十几秒钟。最后，缆索断了。但就在这宝贵的十几秒的时间里，快艇迅速开了过去，只是与"特拉波克罗"号轻轻地擦了一下。缆索断了，大船也迅速地向前驶去。

就这样，在大力士的帮助下，快艇得救了。而这位挽救灾祸的英雄，就是马迪夫。他的行为是如此迅速，以至于当时没有一个人来得及帮他一把。

假如有人对凡尔纳说："当时那种情况下，避免两船相撞的灾难，可能并不需要大力士，也不需要大力士那样超级大的力量。其实，一个身手敏捷的人就能够完成同样的事情！"小说作者肯定会十分惊讶的。

根据力学原理，绳索在桩上滑动的时候，其产生的摩擦力可以达到最大，而且绳索缠绕在桩上的圈数越多，摩擦力越大。当圈数按照算术级数增加的时候，摩擦力就会按照几何级数递增，这就是摩擦力递增的规律。所以，就算是一个小孩子抓着绳头，只要能把这条绳索在一个固定的桩上绕个三四圈，都可以平衡一个相当大的重物。

一些在轮船码头上工作的船工，拉着载有几百个乘客的轮船靠岸，利用的就是这个原理。拉动大船靠岸的可不是这些工人的臂力，而是绳子与桩子之间产生的巨大摩擦力。

> 莱昂哈德·欧拉（1707~1783），瑞士著名数学家、自然科学家。

18世纪著名的数学家 欧拉 已经算出了摩擦力大小跟绳索缠绕木桩圈数之间的关系：

$$F = fe^{ka}$$

其中，f表示我们所用的力；F表示f的阻力；e为2.718……（以自然对数为底）；k表示绳子和桩之间的摩擦系数；α表示绳索所绕的长度与弧的半径之间的比值，也被称为绕转角。

下面，我们将小说中的情节套用到这个公式中计算一下，你会发现结果非常令人吃惊。小说中说船重50吨，假设船坞的坡度是$\frac{1}{10}$，那么就不是整个船的重量都作用在缆索上，而只是它重量的$\frac{1}{10}$，也就是5吨或者5000千克作用在绳索上。力F是沿着船坞向下滑的船对缆索的拉力。我们将缆索和铁桩的摩擦系数k定为$\frac{1}{3}$。小说中，马迪夫将缆索在铁桩上绕了3圈，此时α的值也可以算出来了：

$$\alpha = \frac{3 \times 2\pi r}{r} = 6\pi$$

我们将这些数值代入欧拉公式，得到：

$$5000 = f \times 2.72^{6\pi \times \frac{1}{3}} = f \times 2.72^{2\pi}$$

我们需要的人力f就可以用对数计算出来了：

$$\log 5000 = \log f + 2\pi \log 2.72$$
$$f = 9.3（千克）$$

实际上，这个大力士只需要用不到10千克的力气，就能够把缆索拉住！

可能有人会觉得：10千克只是理论上的数据，真去拉的话肯定不止需要这么小的力气。实际情况恰恰相反，10千克的结果已经相对较大了。古代，人们是用麻绳和木桩系船的。这两样东西间的摩擦系数k可比上面的数值大多了，所以实际需要的力气会更小，甚至小得让人难以想象。所以即使是没什么力气的小孩子，只要绳索足够结实、牢固，能够承受得住拉力，在将绳索绕上木桩三四圈之后，也能把船拉住，立下大力士的功劳，甚至还可能胜过他。

你可能没有意识到，在现实生活中，欧拉公式带给我们的便利。比如，打结的时候，不管你打的是普通结、"纽带结"、"水手结"、"蝴蝶结"，还是其他各种各样的结，都是把绳索的一端固定不动。无论你打

打结和欧拉公式

的是哪种结，之所以不容易松动，都是由于摩擦力的作用。因为打结就像绳索绕着木桩一样，都是绳索绕着自己缠，所以摩擦力更大。仔细研究一下会发现，结里都有很多弯曲的折叠，绳子的弯曲折叠越多，或者说绳子缠绕自己的次数越多，绳子的绕转角数值就越大，那么摩擦力就会越大，这个结自然就越牢固。

缝衣工人钉纽扣时，总是将线头绕许多圈，然后再把线扯断，因为这样做后，只要线足够结实，纽扣就不会脱落下来。其实，他们也是在不自觉地采用上文所提到的原理，只不过将绳索和桩换成了线和纽扣。当线的圈数按照算术级数增加时，纽扣的牢固程度将按照几何级数递增。如果没有摩擦力，恐怕我们就不能使用纽扣了，因为在纽扣重力的作用下线会松动散开，纽扣自然也就掉下来了。

如果摩擦消失了，世界会怎样

在我们生活的环境里，摩擦总是以不同的方式出现，而且经常出人意料。摩擦对万物起着至关重要的作用。假如有一天，我们的世界突然没有了摩擦，那很多我们已经习以为常的现象恐怕就会变成另外一番模样了。

对于摩擦现象，瑞士物理学家 纪尧姆 曾有过一段生动的描述：

夏尔·爱德华·纪尧姆（1861~1938），瑞士物理学家，诺贝尔物理学奖获得者。

当我们走在结冰的道路上时，为了让自己能够站稳不摔倒，我们花了多少力气，做出了多少滑稽的动作！这时，我们才不得不承认：平时我们行走的地面是多么"善解人意"！当人们在很滑的路上骑自行车，或是在柏油路上骑着马儿，一不小心滑倒的时候，一定会觉得平时走的路真好啊，可以不费力气地保持平衡。通过研究这些习以为常的现象，就会发现摩擦带给我们多少好处。在应用力学上，人们常常把摩擦视为一种很不好的现象——这没有问题，所以工程师总是想方设法减少或者消除机器上的摩擦，并且也确实做到了这一点。不过，试图消除摩擦只适用于很小的范围，在大多数情况下，我们可是需要感谢摩擦的。因为摩擦的存在，我们才能够安心地行走坐立、工作；因为摩擦的存在，书和墨水才不会滑到地板上，桌子才不会滑到墙角，钢笔才不会从指间溜出去……

摩擦还能够帮助物体保持稳定。木工刨平地板，使桌椅能够老实地待在人们放置的地方。如果不是在左右摇晃的船上，我们将杯、盘、碟子放在桌子上后，也不用担心它们会从桌面上滑走。

因为摩擦总是自觉地出现，所以除了在特殊情况下，我们一般是想不到利用摩擦来帮忙的。

我们不妨设想一下，如果摩擦消失了，世界会怎样？不论是巨大的石块还是微小的沙粒，任何物体都将无法相互支撑。于是，所有的物体都会滑落、滚动，直到到达同一个平面才会停下来。如果没有了摩擦，连我们生存的地球也会像流动的海洋，直到成为一个表面一般高矮的圆球。如果没有了摩擦，墙上的钉子会自己掉下来；我们的手也无法拿住任何东西；人类也将无法建造任何建筑物；旋风起来了，将会一直刮下去，无法停下来；当我们说话时，也会听到回音不断响起，因为声音从墙上反射时不会遇到任何阻碍物，所以回音也得不到一点儿削弱。

当道路结冰时，我们总能意识到摩擦的重要性。因为在摩擦力特别小的时候，行人随时都有可能滑倒。

1927年10月的一份报纸曾报道过这样一件事情：

伦敦21日消息——由于道路结冰现象严重，城市汽车和电车运输遇到很大困难。另外，因为路面太滑，大约有1400人摔倒导致手脚受伤而被送进医院。

在海德公园附近，有三辆汽车刹车不及，与两辆电车相撞，相撞后汽油爆炸，车辆被全部烧毁。

巴黎21日消息——道路结冰现象在巴黎及其近郊普遍出现，导致大量不幸事件发生……

虽然路面结冰，摩擦力变得特别微弱，对行人不利，但是可以在技术上利用这种微小的摩擦力，比如，常见的雪橇就利用了冰面的光滑。如图21所示，还有一个好的例子就是"冰路"。在平滑的冰路上，两匹马就可以拉动装有70吨木材的雪橇，所以人们可以利用冰路，将树木从砍伐的地方运送出去。图22中，A是车辙，B是滑木，C是压紧了的雪，D是路上的土基。

图21　满载木材的雪橇在冰面上前进。两匹马可以拉动70吨的木材。

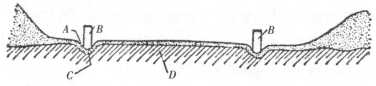

图22　雪橇马车在冰路上行进的图示。

"切柳斯金"号为什么会沉没

通过上面的例子，很多人可能会得出这样的结论：冰面上的摩擦力是如此微不足道，几乎在任何时候都可以忽略。事实并非如此，在温度接近0℃的时候，冰面的摩擦力有时候也会非常大。比如，在北极海面上的冰与轮船的钢铁外壳之间的摩擦力就非常大。这是破冰船工作人员仔细研究得出的结果。这时，两者之间的摩擦系数是0.2，比铁和铁之间的摩擦系数还要大。

那么摩擦系数0.2对行驶在冰上的轮船会产生什么影响呢？我们一起来看看图23。如图所示，船舷MN在冰块的压力下，受到了来自冰块各个方向的力。我们将冰的压力P分解为两个力：一个是力R与船舷的切线垂直，另一个是力F与船舷相切。此时，P和R之间的夹角大小与船舷对竖直线的斜角 α

图23 上部分是在冰上失事的"切柳斯金"号轮船。下部分是在冰的压力下，作用在轮船船舷MN上的力的图示。

相同。冰与船舷间的摩擦力Q的大小等于力R乘以两者之间的摩擦系数0.2，也就是$Q=0.2R$。如果摩擦力F大于力Q，那么力F就能够推开压在船身上的冰，把冰推到水里去，冰就会沿着船舷滑动，而不会破坏船体本身。但是，如果力F比力Q小，那么力F就克服不了冰对船舷的摩擦力，冰块就无法滑动，而是会长期压在船舷上，最终把船舷压坏。

那么，什么时候力Q小于力F呢？因为力$F=R\tan\alpha$，所以Q要小于$R\tan\alpha$，而$Q=0.2R$，不等式$Q<F$可以转化为：

$$0.2R < R\tan\alpha \text{ 或者 } R\tan\alpha > 0.2R$$

从三角函数表可以查出，$\tan11°=0.2$。也就是说，只有当α大于11°时，$Q<F$。所以通过分析可以知道：当船舷对竖直线的倾斜度大于11°，摩擦力小于力F时，船才能在冰块间航行，而不被冰块压碎。

下面我们来分析一下"切柳斯金"号轮船为何会沉没。"切柳斯金"号不是破冰船，它是一艘轮船。为何它在北海的全部航路都很安全，到了白令海峡却被冰块挤破了呢？

"切柳斯金"号被冰块带到了北方，并在1934年2月被冰块压坏了。在苦苦等待了整整两个月之后，船上的水手们才被飞行员解救。

关于这次事故的具体描述是这样的：

> 远征队长通过无线电报告说："冰块不是一下子就把坚固的船身给压破了。我们看到船壳的铁板暴露在冰块上，它们向外膨胀并且弯曲着。冰块不断向船身涌去，它的"进攻"虽然很慢，但却无法抵抗。船壳的铁板胀了起来，然后沿着铆缝裂开。随后，铆钉就噼噼啪啪飞走了。就在一瞬间，轮船的左舷完全撕裂了，从前舱一直到甲板的末端……"

通过前面的学习，读者朋友们是否已经知道是什么物理原理导致了这场事故的发生？

在此我们可以得出一个很重要的结论：在建造轮船的时候，如果轮船需要在冰面航行，这个船舷的倾斜度就一定不能小于11°。

如图24所示，在分开的两手的食指上放一根光滑的木棍。然后，同时相向移动两个手指，直到这两根食指挨到一起为止。

你会发现，即使两个手指已经挨在了一起，木棍依旧保持着平衡，并不会掉下来。不相信的话，你还可以改变手指在木棍上所处的原始位置，多实验几次，你会发现木棍都是平衡的，结果不会改变。把木棍换成画图的直尺、老人用的手杖、台球杆，甚至擦地板的刷子，结果都是一样。

为什么会出现这个出人意料的结果呢？其中的奥秘是什么呢？

读者首先应当明白一点：当木棍在两个挨在一起的手指上保持平衡的时候，这两根手指是位于木棍的重心处的（从一个物体的重心引出一条垂线，如果这条垂线能够通过支持物的所处范围，那么这个物体就会处于平衡状态）。

当两个手指分开，距离木棍重心较近的手指会承担木棍大部分的重量。由于压力越大，摩擦力也越大，所以离重心近

a

用直尺做实验的人。

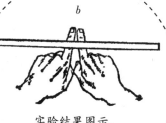

b

实验结果图示。

图24

41

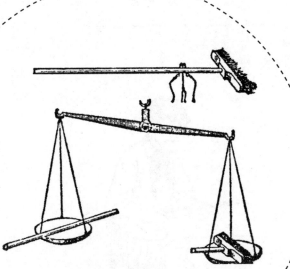

的手指所承受的摩擦力要比距离远的那跟手指大，而且永远是距离重心较远的那根手指在移动。一旦移动着的手指距离重心变得比较近了，就会换成另一根手指滑动了。这两个手指不断地变化着角色，轮换滑动，直到挨在一起为止。因为每次都是远离重心的那个手指在移动，所以当实验结束时，两根手指经过调整，自然都位于木棍的重心位置了。

如果我们把木棍换成擦地板的刷子，再做一次这个实验，结果会怎样呢？这次的问题是：假如我们把刷子切成两段，在两个手指碰在一起的地方切，然后把这两段放在天平的两端，那么是把的那一头更重，还是刷子的那一头更重？

表面上看来，在手指上时刷子的两部分是平衡的，也就是它们的重心是在两个手指挨在一起的那个位置，那么把它们放在天平上，也应当是平衡的。可事实是如 图25 所示，刷子的那一头更重。这又是为什么呢？因为当刷子停在手指上处于平衡位置的时候，刷子两部分的重力是作用在一根杠杆长短不均的两臂上，把它们放在天平上时，天平就相当于一个杠杆，由于这个杠杆的两臂相等，这两部分自然就无法保持平衡了。

图25　为什么天平不平衡，刷子的那头重呢？

我们还可以准备一些重心位置各不相同的棍棒形物体，然后从重心位置把它们切开，分割成长短不同的两段，再把两段放在天平的两端，大家一定会发现同样的结果：短的那段总是比长的那段更重一些。

Chapter 3
圆周运动

旋转着的陀螺为什么不会倒

当陀螺垂直旋转或者倾斜着旋转时，为什么不会倒下来？虽然很多人小时候都玩过陀螺，却不一定知道这个问题的正确答案。陀螺是依靠什么力量，才得以维持这样一个看似很不稳定的状态的？难道是重力对它不起作用？其实，这是一种力与力的相互作用，其作用原理非常有趣。陀螺理论非常复杂，所以在这里我们不进行深入分析，而只对旋转着的陀螺为什么不会倒的原因做一些研究。

如 图26 所示，陀螺正沿着箭头所指的方向进行高速旋转。请大家注意看标有字母A和B的部分，B位于A的对面。此时，A部分正在离我们远去，B部分正在向我们靠近。下面，我们试着改变一下陀螺的轴的方位，让它向你身体这一侧倾倒，AB两部分的运动会产生什么变化呢？仔细观察可以发现：这个使陀螺倾倒的力量使得A部分变为向上运动，这时，B部分变为向下运动。AB两部分都得到了一个推力，这个推力与陀螺本来的运动方向成直角。因为陀螺在高速旋转，它的圆周速度非常大，而我们用来改变陀螺轴方向的推力产生的速度却很小。这样一个小速度和一个大圆周速度相互作用，最终产生的速度结果自然跟这个大的圆周速度相差无几，所以陀螺的运动几乎没有发生改变。由此我们就明白旋转着的陀螺为什么不会倒的原因了——因为想把陀螺推倒的力量会受到陀螺本身的"抵抗"，而且陀螺越大，它旋转的速度就越快，就越能抵抗住试图推倒它的力量。

这个原理与惯性定律密切相关。陀螺在高速

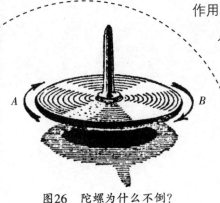

图26 陀螺为什么不倒？

旋转时，它的每一部分都在沿着一个圆周旋转，而这个圆周处在跟陀螺旋转轴相垂直的平面上。按照惯性定律，陀螺的每一部分都沿着圆周的一条切线试图离开圆周，但是由于所有的切线与圆周本身都处在同一个平面上，所以陀螺的每一部分在运动的时候，都努力使自己停留在这个与旋转轴相垂直的平面上。由此我们可以发现：在陀螺上，与旋转轴垂直的所有平面，都在竭力维持自己的空间位置。也就是说，与所有平面相垂直的旋转轴也都在努力保持自己的方向（如图27）。

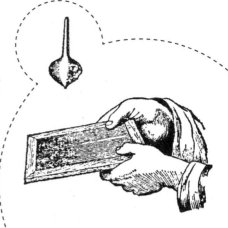

图27 把旋转着的陀螺抛向空中，它还是会保持旋转轴方向进行旋转。

陀螺旋转是一个复杂的运动现象，要详细阐述会令人觉得厌烦。在这里，我们不对其进行深入探讨。我们只想对其中的一个现象进行分析解释，就是任何一个旋转的物体为什么都在竭力环绕旋转轴保持方向不变的旋转。正是由于旋转作用的存在，炮弹和枪弹在飞行时才会保证高度稳定。这一特性在现代技术中也已经有了广泛应用。比如，安装在轮船和飞机上的罗盘和陀螺仪，以及所有的回转仪，它们的制造原理都是陀螺定理。

怎么样，很神奇吧？陀螺看起来只是一个玩具而已，却有如此广阔的"用武之地"！

有很多令人吃惊的魔术都是利用旋转着的物体能使旋转轴保持原来的方向这一原理设计的。英国物理学家约翰·培里教授在《旋转着的陀螺》一书中就曾描写了这样几个片段：

利用陀螺原理变魔术

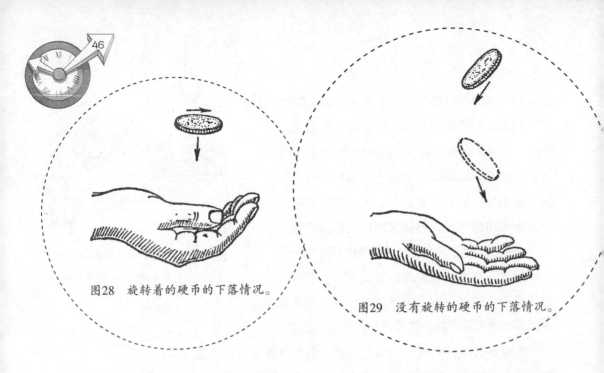

图28　旋转着的硬币的下落情况。

图29　没有旋转的硬币的下落情况。

　　有一次，在伦敦金碧辉煌的爱尔伯特音乐厅里，我向观众露了几手。为了能吸引他们的注意力，我使出浑身解数。我对他们说："如果你把一个圆环抛出去，然后让它落在指定的地方，那么你就必须让圆环做旋转运动（情况如图28和图29所示）。同样的，如果你想把一顶帽子扔出去，然后让别人能够接住，你也得让帽子做旋转运动（图30）。因为当外力试图将

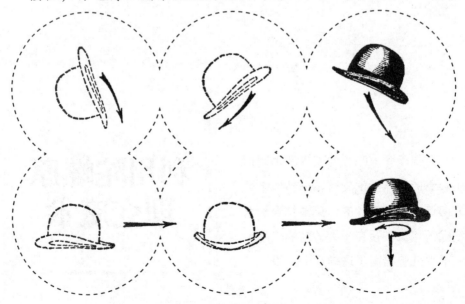

图30　旋转着抛出去的帽子容易被接住。

旋转着的物体的轴的方向做一些改变的时候，这个物体一定会产生抵抗力。"

接下来，我又对听众说："如果炮膛的内壁被磨光滑了，炮弹就会无法瞄准。所以现在制造的炮膛都是来复线式炮膛，炮膛内壁必须刻上螺纹线。这样，在火药爆炸力的作用下，炮弹通过炮膛的时候，运动形式就是旋转的，那么它在离开炮口之后，依然能够做一定的旋转运动，从而按照预定的路线正确地前进。"

因为我既不会扔帽子，也不会扔盘子，而只会描述这样的情形，所以在演讲中也只能说说而已。但是，就在我讲完之后，有两位魔术师在舞台上表演了几套魔术，都很好地验证了我刚才所讲的运动定律。两位魔术师互相抛掷着帽子、盘子、桶箍、雨伞等物品，这些物品无一例外地都在旋转着。一位魔术师将许多把刀子抛向空中，然后又灵巧地一一接住，之后再继续向上抛出去。魔术师必须让每一把刀子都做旋转运动，然后再把它们抛出去。只有这样，魔术师才能清楚地知道刀子落下的位置，并准确地用手接住。

"哥伦布竖鸡蛋" 的解决方案

传说：哥伦布曾提出这样一个问题：**怎样把鸡蛋竖起来？** 哥伦布自己提出了很简单的解决方法，就是把鸡蛋壳打破。实际上，这种方法并不对，因为鸡蛋被打破之后，就已

> 虽然一直有哥伦布竖鸡蛋的传说，但并没有历史根据。这是摩尔瓦硬加在这位著名的航海家身上的。真正竖鸡蛋的是意大利建筑家布鲁涅勒斯奇，他是佛罗伦萨教堂的巨大圆屋顶的建造者。他曾说："我的圆屋顶是那样坚固，就好像竖起来的鸡蛋一样！"

经改变了它的形状，所以竖起来的就不再是鸡蛋，而是另外一种物体了。要知道这个问题的重点在于鸡

图31 哥伦布竖鸡蛋的问题解决了。

蛋的形状。当鸡蛋的形状发生了改变，实际上鸡蛋就被另一种东西取代了。因此，哥伦布提出的解决办法并没有解决将"鸡蛋竖起来"的问题。

想要解决这个问题，可以利用陀螺原理。这样，鸡蛋就可以竖起来，而且形状丝毫不会改变。我们只需要施加外力，让鸡蛋绕着自己的长轴做旋转运动。这样，鸡蛋就可以直立着旋转不会倒下，而且不管是以上下哪一端，都可以立在桌子上。图31展示的就是这个实验的操作方法：用手指旋转鸡蛋，然后迅速放开手，鸡蛋就会继续竖立旋转一会儿，这样，鸡蛋竖立的问题就解决了。

这个实验里的鸡蛋是煮熟的，哥伦布提出的解决方法所用的不是生鸡蛋，所以是符合他的问题要求的。因为哥伦布在提出这个问题之后，顺手从餐桌上拿起了一个鸡蛋，而餐桌上的鸡蛋当然是熟的了，而由于生鸡蛋的内部是液体，不易旋转，所以许多人在区分生鸡蛋和熟鸡蛋时，也会利用这个简单的方法。

"水桶实验"与消失的重力

亚里士多德在2000多年前曾描述过这样一个现象：

如果将水放在一个正在做圆周运动的容器中，它是不会泼洒出来的，即便把容器翻转过来，

水也流不出来，因为水流出来
的趋势被圆周运动阻止了。

图32 水桶里的水为什么不会流出来?

　　图32演示的就是这个实验，大家也一定都很熟悉了。当盛水的小桶旋转得足够快时，即使把水桶朝下翻过来，水也不会流出。

　　人们通常会用"离心力"来解释这一现象。离心力其实是人们想象出来的一种力，它好像作用在物体上，物体在它的作用下，总想远离旋转轴。实际上，这个力并不存在。所谓的离心力其实只是惯性的一种表现而已。在惯性的作用下，任何运动都可以表现出这样的性质。在物理学中，离心力是指一种实在的力量，这个力量使旋转着的物体拉紧绑住它的绳索或者压在它的曲线轨道上。而且离心力不是作用在运动着的物体上的，而是作用在阻碍物体做直线运动的障碍物上的，比如，绳索、转弯处的铁轨等。

　　在这里，我们不过多解释离心力的作用原理，只对水桶旋转时的现象进行简要研究。现在，请大家思考这样一个问题：在图32中，假设我们在水桶上凿一个小孔，会有一股水流冲出来。那么，这股水流会向哪个方向运动？假如没有重力的存在，在惯性的作用下，这股水流会沿着圆周AB的切线AK冲出去。但重力是存在的，所以重力会迫使这股水落下来，于是就形成了一条曲线，即抛物线AP。如果木桶的圆周速度足够大，那么这股水流形成的曲线还会落在圆周AB的外面。换句话说，通过这股水流，我们可以知道：假如没有水桶的阻挡，在水桶旋转的时候，水会走什么样的路线。那就是，水并不会垂直下落，所以水不会从水桶中泼洒出来，只有当桶口面向旋转的方向，水才会从水桶中流出来。

　　现在，我们来计算一道题目：在实验中，水桶需要以多快的速度进行圆

周运动，水才不会往下流？这时，做圆周运动的水桶的向心加速度要大于重力加速度。只有这样，水在冲出来的时候，它的路线才能落在水桶所形成的圆周外面。而且不论水桶旋转到哪里，水都不会流出来。向心加速度的计算公式是：

$$W = \frac{v^2}{R}$$

其中，v是指圆周速度，R是指圆周半径。我们知道地球表面的重力加速度g=9.8米／秒²，所以得到$\frac{v^2}{R} \geq 9.8$。假设R等于70厘米，那么就可以得到$\frac{v^2}{0.7} \geq 9.8$。由此可得：$v \geq \sqrt{0.7 \times 9.8} = 2.6$米／秒。

我们通过计算很容易可以得出，水桶只需要每秒钟转个圈，就能够得到这样大的圆周速度。这个速度并不快，很容易可以达到的，所以这个实验是很容易成功的。

当液体沿着容器水平轴旋转时，液体会压附在容器壁上。这是水桶实验的操作原理。离心浇铸的技术就是采用了液体的这种运动性质。离心浇铸的主要作用是将不均匀的液体分层。操作时，液体会按照它们的比重分层，比较重的液体的落点会落在离旋转轴较远的地方，比较轻的液体的落点会落在离旋转轴较近的地方。利用这个操作原理，就可以从金属中将熔化了的金属中的气体分离出来。这样铸成的铸件没有气泡，比较密实。

你也可以成为伽利略

有一种特殊的娱乐项目叫"秋千魔术"（图33），是专为喜爱强烈刺激的人准备的。我没有玩过这种秋千，所以只能从一本科学游戏集中摘抄一段内容，让大家对这个游戏有所了解：

在离地面很高的地方有一根很坚固的横梁，横贯了屋子，上面挂着秋千。当大家都坐上秋千之后，工作人员就会关上门，把进屋子的跳板撤掉，然后宣布："游客们，你们马上就有机会进行一次短暂的空中旅行了。"工作人员说完就开始轻轻地推动秋千，然后他会像马夫坐在马车后面一样，自己坐在秋千后面，或者干脆走出屋子。

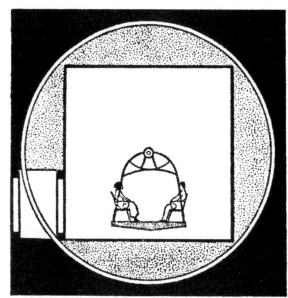

图33　"秋千魔术"的构造示意图。

这时候，秋千的摆动幅度会越来越大，荡得几乎要和横梁一样高，直到绕着横梁转了一圈。之后秋千会运动得越来越快。虽然大部分参与者都事先知道会出现这种情况，但亲身体会到这种快速运动和实实在在的摆动后，人们会发现它与事先想象的感觉是不一样的。他们还会觉得，自己的头有时候是倒挂的。因此为了防止栽倒，他们会不自觉地紧紧抓住座位扶手。

过了一会儿，秋千的摆动速度慢慢变小了，荡的高度也没有横梁那么高了。又过了几秒钟，秋千完全停了下来。

其实，在整个过程中，秋千一直没有动，而是屋子在动。工作人员利用一种简单的装置，使屋子绕着水平轴在游客周围不停地转动。屋子里的各种家具也都被牢牢固定在地板或者墙壁上，看起来好像就要掉下来的罩着大灯罩的电灯，实际上也是被牢牢焊接在桌子上的。那位工作人员只不过是装模作样地轻轻推了一下秋千，实际上那时参与者感觉到的晃动也是屋子

在动，是屋子轻轻地摆动了一下。整个环境都给人一种错觉，工作人员只不过是做了一个推的动作而已。

经过介绍，你会发现，这个让人们产生错觉的办法真的很简单。然而，即使各位已经知道这是一种错觉，再去坐"秋千魔术"，还是会被假象所欺骗。错觉的力量就是这么大！

普希金有一首叫《运动》的诗，不知道读者朋友是否读过，是这样写的：

> 一个满腮胡须的哲人说：
>
> "世界上没有运动。"
>
> 另一个哲人第欧根尼并不说话，而是在他面前走来走去。
>
> 这个行为比任何反驳都更有力。
>
> 这个巧妙的答复令世人称赞。
>
> 可是，先生们，这个故事十分有趣，
>
> 让我想起了另外一个例子：
>
> 我们每天都能看到太阳在我们头上走过，
>
> 但只有固执的伽利略是正确的。

那些不了解"秋千魔术"奥秘的游客就好像是一个个伽利略，但他们与伽利略有一点是不同的：伽利略曾经证明自己在不停地旋转，太阳和群星都是静止的。这些游客却可以证明：自己是静止的，是整个屋子在绕着他们旋转。当然，因为这些游客所说的与常见的情况不同，他们有可能也会与可悲的伽利略一样，被认为是睁眼说瞎话。

亚历山大·谢尔盖耶维奇·普希金（1799~1837），俄国著名诗人、作家，现代俄国文学创始人。

这位哲人指的是古希腊哲学家芒诺。他提出了一系列关于运动的不可分性的哲学悖论，其中以"飞矢不动"最为著名。他提出世界是静止的，人们觉得物体在运动是源于错觉。

第欧根尼是古希腊哲学家，"犬儒学派"代表人物，这里隐喻他像狗一样走来走去。

伽利略·伽利雷（1564~1642），意大利数学家、物理学家、天文学家，科学革命的先驱。

想要证明自己的见解是正确的，可能比想象的要难得多。假设你也在玩"秋千魔术"，并试图告诉坐在你旁边的邻居，说服他承认自己错了。而我就是你的邻居，我们俩都坐在秋千上。秋千逐渐摆动起来，幅度越

"我"与"你"之争

来越大，眼看秋千就要开始绕着横梁画圈了。这时候，我们开始辩论：究竟是秋千在动，还是屋子在动？ 有一点必须记住，我们要事先带好需要用的东西，并且在整个辩论过程中，都一直待在秋千上。

你：我们并没有动，是整个屋子在动！这有什么可怀疑的呢？如果真的是秋千动，那当秋千竖直向上的时候，我们就不会是头朝下挂着了，肯定会从秋千上掉下去的。但我们并没有掉下去，这就说明秋千并没有转动，而是屋子在动。

我：请你也不要忘了，当旋转的水桶翻转起来的时候，水也不会流出去。

你：既然这样，那我们就计算一下秋千的向心加速度，看一看它是否能确保我们待在秋千上，而不会掉下去。现在，知道了我们距离旋转轴的距离，还有秋千每秒钟旋转的圈数，根据公式我们不难算出……

我：计算确实不难。但计算解决不了我们的争论。因为"秋千魔术"的发明者早就知道我们会有这样的争论，所以他早就告诉我，秋千旋转的圈数足够使我们觉得自己是对的。

你：虽然如此，我还是有信心说服你。你看，这个水杯中的水一直没有流到地板上去……不过，这个现象你已经用实

验驳倒我了。那好，我来换一个例子。现在，我手里有一个铅锤，它始终是向下的，总是朝向我们的双脚。如果是我们在旋转而整个屋子保持静止的话，那这个铅锤就不是这样了，它就会始终朝向地板，也就是它有时会朝向我们的头，有时会朝向我们身体的侧面。

　　我：不，你错了。假如我们旋转的速度足够快，那么铅锤也一定会顺着旋转的半径从旋转轴抛出去，始终朝向我们的双脚这个方向，就像我们现在看见的那样。

到底怎样赢得争论胜利呢？现在，我就来告诉大家。在"秋千魔术"中的秋千上，你应当随身带一个弹簧秤，在弹簧秤的秤盘上放一块1000克重的砝码。在游戏开始后的不同时间，观察其指针的变化。你会发现弹簧秤的指针会在1000克这个数值处保持不变。这就可以说明是秋千静止不动了。

因为假如是秋千在动，弹簧秤必然会和我们一起绕着轴旋转，那么除了重力，还会有离心作用施加在砝码上。而离心作用在圆周下半圈各点上时会加大砝码的重量，在上半圈各点上时会减少砝码的重量。这样的话，我们就会观察到指针的变化，它会显示出砝码一会儿轻一会儿重、一会儿几乎没有重量的不同现象。但实际上，这种现象并没有发生，那就表明是整个屋子在旋转，而不是我们。

在"魔球"里行走

　　一位美国企业家为公众建造了一个神奇的"魔球"型转盘。这个转盘不仅有趣而且还很有教育意义。它是一个可以旋转的球形房屋。在屋子里，人们能够体验到一种奇特的感觉，这种感觉只有在梦中或者童话中才会出现。

首先，我们回想一下：当站在高速转动的圆形平台上时，你会有什么样的

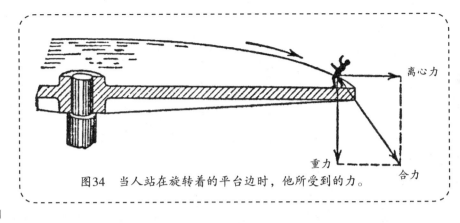

图34　当人站在旋转着的平台边时，他所受到的力。

感觉？旋转的平台好像拼命想把你向外抛出去。而且你站的位置离平台中心越远，这种感觉就会越强烈。如果你闭上眼睛，会感觉自己好像是站在一个斜面上，而不是平坦的平面上，很难保持平衡。图34对作用在人身体上的力进行了分析：你的身体由于旋转运动（离心力）而被向外吸引，由于重力作用而被向下吸引。根据平行四边形原理，这两个力的合力就是一个角度向下倾斜的力。平台的旋转速度越大，合力的倾斜度就越大，其作用也就越明显。

这个原理也可以用来解释下面这些现象：

在铁路拐弯处，为什么外侧的铁轨比内侧的要高一些？

骑自行车的人和骑摩托车的人在车道上行驶的时候，为什么要向里倾斜一些？

人为什么能够沿着倾斜得很厉害的环形跑道跑步？

如果这个平台的边沿不是平滑的，而是向上弯曲的，而你就站在倾斜的边沿（图35）。当平台静止不动的时候，你可能会站不稳，甚至会打滑或者摔倒。但如果平台进行旋转运动，情况就不一样了。因为在一定的旋转速度下，作用在你身上的两个力的合力所指的方向也是倾斜的。倾斜的合力与平台的倾斜边沿构成了一个直角。所以对你来说，这个倾斜的边沿似乎就是平坦的了，你反而会站稳。

这个旋转的平

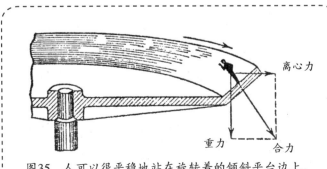

图35　人可以很平稳地站在旋转着的倾斜平台边上。

55

台表面如果不是平面的，而是一个曲面，在一定的速度下，它的表面处处都和所受到的合力垂直，那么不管这个人站在平台上的哪一点，他都会觉得是站在一个水平面上。

通过计算可以得出，这样的曲面就是抛物体的面。在一个玻璃杯中装半杯水，然后快速旋转这个玻璃杯，你就可以得到这样一个平面：位于玻璃杯边沿的水会涨起来，而杯子中心的水会低下去，水面呈现出一个抛物面的形状。如果我们把杯子里的水换成熔化的蜡，然后再不断地旋转杯子，直到杯子里的蜡冷却、完全凝固，你会发现蜡凝固的表面就是一个抛物面，而且是十分精确的抛物面。如果放入一个小球，蜡杯在一定的速度下不停地旋转，它的表面就如同一个水平面，小球也会停留在原来的位置，而不会掉落下去（图36）。

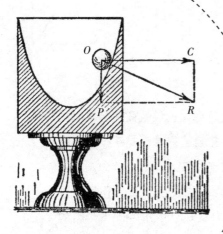

图36　如果蜡杯转得足够快，小球不会掉落下来。

有了上面的铺垫，我们对于魔球的构造就很容易理解了。从图37中可以看出，魔球的底部是一个很大的转盘，它的表面是一个抛物面。虽然在转盘的下面有一个隐藏的机关，可以使转盘平稳地旋转。但是如果人在转动的时候，周围的物体没有一起转动的话，人还是会感觉头晕。所以为了让站在平台上的人感觉不到自己在运动，就需要用一个很大的玻璃罩罩在这个转盘的外面。而且这个玻璃罩也要以同样的旋转速度与转盘一起转动。

图37　魔球剖面图。

这就是魔球的设计原理和构造。当你站在魔球内部的平台上，你的感觉会是怎样的呢？不管你是站在台轴附近，还是站在台轴的边沿（45°斜坡）上（也就是在转盘的任何位置），当转盘旋转的时候，你脚下的地面都会是水平的。虽然在你的眼里，这个转盘怎么看都是一个曲面，但是身体肌肉的感觉却告诉你，你脚下踩的是一个平坦的平面。

这两种感觉的差距就是这样的明显。当你沿着平台的边沿行走，你就会觉得魔球似乎特别轻，好像一个肥皂泡一样，而且它会随着你的倾斜、你身体的移动而倾斜。因为不管你站在平台的任何地方，你都会觉得自己是站在一个水平面上，所以当你看那些站在平台上其他地方的人时，你会觉得他们行走的姿势很不寻常：这些人就像苍蝇一样行走在墙壁上，如 **图38** 所示。

图38　a图为"魔球"里的人的实际位置。b图为"魔球"里的人感觉自己所处的位置。

如果向这个球的地面上泼水，水会散开，沿着魔球的曲面形成薄薄的一层。对在球里的人来说，就像是自己面前出现了一面倾斜的水墙。

所以，在这个神奇的球中，重力定律似乎都不起作用了，我们就好像进入了神奇世界。

当飞行员在高空中以足够高的速度盘旋飞行的时候，他们也会有同样的感觉。如果飞行员沿着半径为500米的曲线飞行，飞行速度是200千米／小时，那么，他一定会感觉地面是微微倾斜的斜坡，而这个斜坡的角度大概是16°。

为了进行更科学的观察，有科学家在德国的一个城市建造了一个与魔球

图39 实验室中的人的实际位置。

图40 实验室中的人感觉自己所处的位置。

类似的旋转实验室。如图39所示，这个实验室是一个圆柱形的屋子，直径为3米，旋转速度为每秒钟50圈。因为实验室的地板是平坦的，所以在实验室旋转的时候，靠墙的人会感到屋子在向后倾斜。为了保持平稳，人们不得不倚靠在斜墙上，如图40所示。

"伍德望远镜"的巧妙设计

上文所说的抛物面也是反射望远镜上的反射镜的最佳形状设计。而为了制造出这个形状，望远镜设计者们花费了很多年的时间。美国物理学家伍德制造了一架液体镜面望远镜，就解决了这个难题。他把水银放在一个大容器里，并让大容器不停地旋转，这样水银就形成了一个理想的抛物面。因为水银的反光作用非常好，所以这个水银抛物面可以当作反射镜来使用。伍德制造的望远镜被安装在浅井里。

不难想象，这种望远镜有一个缺点，就是液体镜面很容易起皱。当外界稍有些震动，镜面就会起皱，所得的镜像就会变形。而且水平镜面的观察范围也很有限，只能观察到天顶上的星体。

杂技剧场里有一种会使人头晕的自行车杂技表演：骑自行车的人要在一个环里从下到上绕一整圈。在上面半圈时，他想要骑过去，就不得不头向下。如图41所示，在舞台上，一条木质的道路中间有一个或者几个环，

"魔环"杂技表演

杂技演员骑着自行车沿着环前面的一段斜坡快速冲下来，然后连人带车顺着环很快地冲上去。他确实是头朝下走了半个圆圈，最后回到地面上来的。

图41 "魔环"杂技表演及计算图示。

观众一般都会觉得，是演员的高超技艺才完成了这个令人头晕的表演。有些不清楚其中原理的观众可能会问自己："这位头朝下的骑车人究竟是靠什么力量支撑的？"还有一些好奇心比较重的观众甚至还会认为这是一种错觉，因为杂技里并没有什么超自然的东西。同样的，我们也可以用力学来解释这个杂技。如果用一颗子弹代替杂技演员，顺着这条路高速滚过去，它也能成功地完成这个表演。我们可以拿中学物理实验室中的一种小型"魔环"来做这个实验。

"魔环"的发明者为了检验魔环的坚固性，就用了一个重量等于演员重量加上自行车重量的球来实验，让这个球从环形路上滚过去。由于球与自行车和人的总重量相同，因此如果球能够顺利滚过去，那么骑自行车的杂技演员自然也可以顺利骑过去。

通过前面的学习，读者们不难理解，这种神奇的现象与上文中介绍的做圆周运动的木桶现象，两者的物理原理是一样的。但这种杂技表演并不简单，骑自行车的人出发时的高度需要精确地计算，否则就很容易失败，杂技演员也会受伤。

杂技中的数学题

介绍太多枯燥无味的公式，肯定会让一些物理爱好者觉得厌烦，但是如果不从数学的角度分析各种现象，我们就无法预见这些现象的发生条件及发生过程。比如，我们上一节所介绍的"魔环"现象，要想知道在怎样的条件下才能成功演出，就需要用数学公式来计算。对于这个题目，我们只需用到两三个公式。

按照图41中的标示，我们现在就来进行一下计算。

在图中，我们分别用下面的字母来表示计算所需要的数值：

h：骑自行车的杂技演员出发地点的高度。

x：演员出发点比"魔环"最高点高出的距离（如图41所示，$x=h-AB$）。

r：环的半径。

m：演员与自行车的重量之和（单位为mg）。

g：地球的重力加速度（为9.8米／秒²）。

v：自行车到达环的最高点时的运行速度。

我们用两个方程式就能把这些数值联系到一起。首先，我们知道，自行车在下滑时，位于和B点一样高的C点处。自行车的速度与演员骑车到达顶点B时的速度相同。这个速度这样计算：

$$v = \sqrt{2gx} \text{ 或者 } v^2 = 2gx$$

所以，到达B点时，演员的速度等于：

$$v = \sqrt{2gx}$$

即：

$$v^2 = 2gx$$

那么，演员要想达到环的顶点，而且不会摔下来，就要保证演员的向心加速度大于重力加速度：

$$\frac{v^2}{r} > g \text{ 或者 } v^2 > gr$$

我们知道$v^2 = 2gx$，可得：

$$2gx > gr \text{ 或者 } x > \frac{r}{2}$$

通过计算，我们可以知道这个让人有点儿头晕的杂技表演要想成功，"魔环"的制造就要满足这样的条件：

"魔环"斜坡部分的最高点减去环的最高点所得的差要大于环半径的一半以上。

自行车行驶的坡度大小没有要求，只需要保证演员出发点比环的顶点高，高出的数值要达到环的直径以上就行。

由此可知，如果环的直径大小是16米，那么演员出发点的高度就必须高于20米才行。这些条件如果不满足，演员即使有再高超的技巧，也无法走完"魔环"，在还没到最高点的时候，就会掉下来。

这里要注意一个问题，我们并没有考虑自行车与环面之间摩擦力的影响。我们假定自行车行至 B 点和 C 点时的速度是相同的。要想无限接近这一点，自行车行驶的路就不能太长，斜坡也要陡一点儿。如果斜坡的坡度太小，自行车会因为摩擦力而减慢速度，那么它到达 B 点时的速度就比到达 C 点时的速度小了。

另外，需要指出的是，杂技演员在表演这个杂技的时候，自行车上是没有装链条的，他不需要也不能改变速度，演员是在重力的作用下向前行进的。所以如果自行车不是很正，只要稍微倾斜一点点，演员就可能从路上滑下去，然后被抛出去。演员骑着自行车沿着环行进的速度很快，他只需要3秒就能够走完长度为16米的环，也就是60千米／小时的速度。演员需要一定的技术才能这样高速驾驶自行车，但这种技术并不难掌握。在杂技表演手册中，对这种杂技有这样的描述：

只要设备足够坚固，计算绝对准确，自行车杂技本身并不危险。演员本身的表现决定了这个杂技是否危险。假如演员表演时紧张了，手抖动了，甚至失去了自我控制力，他就有可能会演砸，并发生事故。

有很多飞行特技也是利用这一条定律完成的。比如，飞机在表演翻跟头时，只要驾驶员能沿着曲线熟练地驾驶飞机，让飞机准确、快速地飞行，就可以成功。

正当的"缺斤短两"

有一天，一个爱打小算盘的人对别人说："我知道怎样不用欺诈的方法就能够在卖东西时缺斤短两。这种方法的奥秘在于，当你买东西时，去赤道附近的国家，而当你卖东西时，去两极附近。"其实，在很早之前，人们就知道在赤道附近称东西比在两极附近要轻一些。从赤道地区把1千克的东西带到两极地区，会增重5克。

但如果真是买卖东西的话，就必须使用弹簧秤，而且要在赤道上给秤刻度数，而不能用普通的秤，否则卖家什么好处也捞不着。因为当货物变重时，普通秤上的码也会跟着变重。如果你在秘鲁的某个地方买1吨黄金，然后运到西班牙去卖（假设运送是免费的），那你还是可以赚点儿钱的。

这样的交易虽然不太可能让一个人富裕起来，但是这位爱打小算盘的人采用的方法确实是对的：距离赤道越远，物体受到的重力越大。因为地球自转的时候位于赤道地区的物体绕的是大圈，地球在赤道附近是凸出的，而且地球自转还会导致物体重量减少，这就使得物体的重量在赤道附近时比在两极时要轻$\frac{1}{290}$。

如果把一个重量很小的物体从一个纬度拿到另一个纬度，它的重量变化是很小的。但如果换成一个庞大的物体，这个重量差别就会很大。大家可能想象不到，一艘轮船在莫斯科时重60吨，等到了阿尔汉格尔斯克就会增重160千克，而到了敖德萨又会减重60千克。每年都有300000吨煤炭要从斯匹次卑尔根群岛运到南方各港口。假如这些煤炭是被运送到赤道上的某个港口，然后用一个从斯匹次卑尔根群岛带来的弹簧秤称重的话，你就会发现煤炭的重量好像减少了1200吨。在阿尔汉格尔斯克上的一艘重约20000吨的战舰，行驶到赤道附近的海域，会减重大约80吨。但并没有人察觉战舰重量减轻了，因为包括大洋里面的水在内，其他物体重量都相应地减轻了。在这里需要再解释一下，没有人察觉是因为船只在赤道附近时，水面吃水深度与在两极地区时是一样的。之所以吃水深度一样，是因为船只虽然变轻了，被船只排开的水的重量同样也变轻了。

假如地球自转的速度大大加快，一个昼夜只有4个小时而不是24个小时的话，物体的重量在赤道地区和两极地区时差别会更大。假如一昼夜只有4个小时，那么一个砝码在两极时重1千克，拿到赤道时就只有875克了。在土星上，物体的重力情况基本就是这样：

土星上的一切物体在这颗行星的两极附近都比在赤道上重$\frac{1}{6}$。

前面说过，由于地球的自转，才导致物体的重量在赤道时比在两极时轻$\frac{1}{290}$。也就是说，赤道上的物体所受的向心加速度相当于重力加速度的$\frac{1}{290}$。所以，如果赤道的向心加速度加大到原来的290倍，就与重力的速度相同了。那么，要想使赤道上的向心加速度增加到原来的290倍，和地球的重力加速度相同，地球需要转多快？因为向心加速度跟速度的平方成正比，所以我们很容易可以算出，地球自转速度要达到现在的17倍才行（17×17约等于290）。在这种情况下，物体就不再对自身的支撑物产生任何压力。也就是说，假如地球的自转速度是现在的17倍，位于赤道上的物体就没有一点儿重量了。而土星的自转速度只需达到目前速度的2.5倍，就会出现样的情况。

Chapter 4
万有引力定律

引力到底有多大

法国天文学家阿拉戈曾经这样写道："如果不是物体坠落每时每刻都在发生，我们随时都能看到的话，我们就会觉得这种现象非常奇怪。"因为我们已经习惯性地认为，地球对物体的吸引是稀松平常的事情。可如果有人对我们说，其实物体之间也是相互吸引的，我们也许就不太相信了，因为我们并没有看到现实生活中的类似现象。

为什么万有引力定律没有在我们身边随时表现出来呢？桌子、西瓜、人之间都是相互吸引的，为什么我们却看不见呢？因为如果物体不是很大，它们之间的引力是非常小的。举个直观的例子，如果两个人大约相距2米，他们之间相互吸引的引力就非常小，小到什么程度呢？假如这两个人都是中等重量，那么这个引力差不多是 $\frac{1}{100}$ 毫克。也就是说，这两人之间相互引力的大小，只相当于一个十万分之一克的砝码作用在天平上的重量。只有反应十分灵敏的天平才能称得出这么小的重量。地板与脚跟之间的摩擦力要远大于这个引力，我们由于受到摩擦力的作用，这么小的引力自然无法使我们移动。我们的脚跟和地板之间的摩擦力大约等于体重的30%。假如我们想在地板上移动，那么就需要不小于20千克的力量。跟这个力比起来，$\frac{1}{100}$ 毫克的引力简直小得可以忽略不计。1毫克等于1克的千分之一；1克等于1千克的千分之一，通过换算可以知道，那个能够使我们移动的力量的10亿分之一的一半才是 $\frac{1}{290}$ 毫克。这个力是如此之小，因此我们觉察不出地面上各种物体相互之间的引力，也就没什么好奇怪的了。

假如物体之间没有了摩擦，将会发生什么情形呢？即使是微小的引力，因为没有任何力量的阻碍，物体之间也会被拉近。即使是在 $\frac{1}{100}$ 毫克引力的作用下，两个人相互吸引而移动的速度是非常小的。通过计算可以知道：如果没有摩擦力的作用，距离2米的两个人，在第一小时，会相向移动3厘米；在第二小时，会相向移动9厘米；在第三小时，移动的距离会更长，会移动15厘米。随着时间的推移，两个人的移动运动速度会加快，但也要差不多5个小时以后，他们才会紧紧挨在一起。

所以当没有了摩擦力的阻碍作用，我们就可以感觉出地面上各个物体之间的引力了。挂在一根绳上的重物会因为地球引力的作用而垂直指向地面。假如在这个重物的附近有一个很大的物体，重物和物体之间就会相互吸引，那么这根绳子就会不再垂直，而是偏离，指向附近物体产生的引力与地球引力所形成的合力的方向。科学家们在1775年第一次观测到这种偏离现象。当时，他们正在测量铅锤与指向星空的极的方向两者之间所成的角度大小。科学家们站在一座山的两侧，他们发现两侧得出的测量角度是不同的。随着科学的发展，科学家们发现了天平有一种特殊功能，他们对地面上物体之间的引力进行了更加精准的实验。于是，万有引力的大小也就可以精确地测定了。

万有引力的大小跟质量的乘积成正比，物体质量越大，引力越大，所以质量小的物体，彼此之间的引力也会小到几乎可以忽略不计。但总有很多人常常试图把这个引力夸大。有一位动物学家——他是一位科学家但不是物理学家，就曾经想要说服我：由于万有引力的存在，两艘巨大的海轮之间的吸引力是可以用肉眼看见的。其实，我们通过计算就可以知道，这两者之间的引力其实很小。假设两艘大船的重量都是25000吨，当它们相距100米时，引力的大小只有400克。显而易见，这个引力根本不可能使两艘大船的位置发生任何变化。

海轮之间的引力很小，但是天体的质量惊人，它们之间的引力就非常可观。比如，海王星距离地球非常遥远，它几乎处在太阳系的边缘。即使这么远的距离，地球也能感受到1800万吨的引力。太阳距离我们也非常遥远，同样也是由于引力的作用，使得地球能够始终在轨道上围绕太阳运

转。如图42所示，假如有一天，太阳对地球的引力消失了，地球就会沿着轨道的切线飞到漫无边际的宇宙空间去，再也不会回来了。

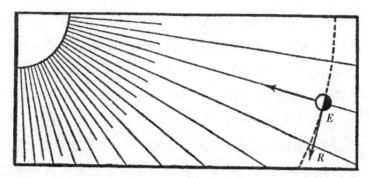

图42　如果太阳对地球的引力消失了，在惯性的作用下，地球会沿着切线ER的方向
飞出去。

用一根钢绳连接地球与太阳

假如由于某种原因，太阳对地球的强大引力真的消失了，地球将会面临着一个非常悲惨的命运：飞到非常遥远、寒冷、幽暗的宇宙中去。为了避免发生这种情况，我们可以想象一下：如果工程师们用结实的钢绳来连接太阳和地球，也就是用钢绳来代替两者之间看不见的引力，就可以保证地球老老实实地继续按照原来的轨道绕着太阳运转。确实如此，每平方毫米能经受住100千克拉力的钢绳是非常坚固的，可能没什么东西比它更结实了。假设有一条大钢柱，它的直径是5000米，横切面的面积是20000000平方米。要想把它拉断，得需要2000000000000吨重的物体才行。继续展开想象的翅膀，假如真有这样的钢绳，从地球扯到太阳上，连接起两个星球，大家是否知道：要想把地球固定在它的运行轨道上，需要多少根这样

坚固的钢绳？答案是200万根！这个数字到底意味着什么？这样一个分布在海洋和陆地上的"钢铁森林"究竟有多么壮观？为了能有一个更加直观的感觉，我给大家做一个假设：假设200万根钢绳均匀地分布，而每两根钢柱之间的空隙只比钢柱本身稍微大一点儿。它们能够覆盖面向太阳的那半个地球表面。这样大的一座"钢铁森林"，要想拉断它们，得需要多大的力量！由此可见，太阳与地球之间的引力虽然看不见，但是却非常大！

即使这样一股巨大的力量，也只是让地球的轨迹发生一点儿弯曲而已。两者之间的巨大引力也只会使地球每秒钟离开切线3毫米。这是不是让你觉得特别惊奇？可见，地球的质量有多么的大，简直无法想象！

真的能让万有引力消失吗

上面说到，假如地球与太阳之间的引力突然消失了，它们之间那些看不见的"引力钢绳"真的不见了，地球就会飞到漫无边际的宇宙中去。那现在我们来设想这样一个问题：假如重力也消失了，地球上的物体会怎么样呢？它们会有什么样的变化呢？果真如此的话，那时候就没有什么力量能将这些物体牢牢吸附在地球上了。只需轻轻一碰，所有物体都会飞到遥远的星际空间中去。实际上，连碰都不用碰，所有没有牢固联系在地球表面的东西，都会因为地球的自转被抛到太空中去。

威尔斯创作的科幻小说《第一次登上月球的人》就是以这个设想为故事线索的。在书中，这位想象力丰富的作家想到了一个非常神奇的方法，采用这种方法，人就能够从一个星球飞到另一个星球去旅行。

威尔斯是这样写的：小说的主人公叫凯弗尔，他是一位科学家，他发明了一种神奇的物质，这种物质有一种能够阻止万有引力的奇特功能。把这种

物质涂在一个物体的下面，只需涂上薄薄的一层，物体就能摆脱地球的引力，这样它就会受到来自其他物体的引力。这种物质被作家威尔斯命名为"凯弗利特"。

小说家在书中这样描写道：

> 大家都知道，重力和万有引力可以把一切物体穿透。如果想让光照射不到物体，我们可以用某种障碍物来阻断光线。如果想使无线电波无法到达，我们可以利用金属片来保护物体。但是如果想让物体不受来自太阳或地球引力的影响，恐怕我们就找不到这样一种物质来保护物体了。很难说清楚为什么自然界中不存在这样的障碍物，但是小说的主人公凯弗尔却知道原因，他知道为什么自然界没有那种能够阻碍万有引力穿透的物质。而且他认为自己完全有能力制造一种物质，一种万有引力都无法穿透的物质。

> 假如真能制造出这样一种物质，那么很容易就能想象出，人类的行为会出现无限可能。比如，当我们需要把某个重物举起来时，不管它有多重，我们只需把这种物质涂在重物的下面——涂上一层就可以了，这个重物就会变得像稻草一样轻，我们就能很容易地举起这个重物。

在小说中，主人公们就利用这样的物质制造了一个飞行器，有了这个飞行器，他们就可以飞到月球去旅行了。而且这个飞行器的构造十分简单：因为它是利用宇宙天体彼此之间的引力来推动飞行的，所以在飞行器内部没有安装任何发动装置。

小说中是这样描述这个想象中的飞行器的：

> 假设有这样一个装置，它是球形的，而且空间很大，能够装下两个人和他们的行李。这个飞行器有两层，里层是厚玻璃做的，外层是钢制的。飞行员可以把压缩空气、压缩食品，还有做蒸馏水用的机器等都带到飞行器上。在飞行器的外壳上，涂上满满一层"凯弗利特"。里面的玻璃层除了必要的舱门之外，没有丝毫缝隙。而钢制外层则是用一块块钢铁拼

起来的，而且每一块都可以卷起来，就像卷起窗帘一样简单。这种设备制造起来并不困难，用特制的弹簧就可以实现。在内部玻璃层里，飞行员通过白金导线，用电流就可以控制"窗帘"卷起或者放下，这些都是技术细节，就不多说了。最重要的是，当窗帘全部都放下来，飞行器被遮得非常严密的时候，无论是什么——光线、辐射，或者万有引力，都会被阻挡在飞行器外面，无法进入到飞行器内部。如果有一扇窗户卷起来了的话——可以想象，就会出现这样的情况——任何一个正对着窗口的巨大物体与飞行器之间都有引力，都会把飞行器吸引过去。因为可以控制窗户的开关，让飞行器被不同的天体吸引，我们就可以在宇宙空间随意地旅行，想上哪儿就上哪儿，一会儿是一个天体，一会儿是另一个天体。

月球上的半小时

小说家非常生动地描写了飞行器从地面出发的情形：

把一层"凯弗利特"涂在飞行器的外壳上。这样飞行器就变得非常轻了，好像没有了重量。大家都知道，如果物体没有重量，它根本无法停留在空气底层，就像湖底的软木塞会浮出水面一样。在地球自转的惯性作用下，没有重量的飞行器很快就被抛到大气的上层去了。当它到达大气的边界，会继续自由地在宇宙里航行。

在小说中，主人公们就是这样飞走的。在飞行器到达宇宙空间之后，他们一会儿打开一些窗户，一会儿打开另一些窗

户。通过控制窗户，使飞行器内部受到来自不同星球的引力。一会儿是太阳的引力，一会儿是地球或月亮的引力，这让他们成功地飞到了月球表面。

要知道，物体在月球上受到的重力要比在地球上小得多。那我们来看看，到达月球之后，主人公们感觉怎么样。

下面摘录的就是《第一次登上月球的人》一书中最有趣的几段话：

我把飞行器的舱门打开，然后跪在飞行器里面，把上身伸出了舱外：一片月亮上的雪，就在离我的头3英尺远的地方，从来没有被人踩踏过。

凯弗尔用被褥把身体裹紧。他坐在舱边，开始小心翼翼地放下双脚。当他的脚距离月球表面还有半英尺高的时候，他略微迟疑了一下，但最终还是踩在了月球的表面上。

我在飞行器里面，隔着玻璃外壳看着他。他走了几步之后，突然停了1分钟，看了看四周之后，下定了决心，猛然向前跳去。

凯弗尔的动作被飞行器的玻璃外壳歪曲了，但我还是觉得，他的跳跃幅度很大：凯弗尔一下子就跳到了距离我差不多有6米~10米远的地方。他站在一块岩石上，冲我做手势。他好像还在喊叫，但我什么都听不见……

可是，为什么凯弗尔一下子跳得这么远呢？我感到迷惑不解，我也从舱口爬了出来，然后跳了下去，踩到了雪地的边缘。只走了几步，我就决定自己也要跳着前进了。

我觉得自己好像在飞。凯弗尔就站在一块石头上等着我，我很快来到了凯弗尔站的石头附近，我感到有些害怕，紧紧地抓着石头。

凯弗尔弯下腰，大声提醒我"一定要小心"。我确实忘记了：月球上的重力可比地球上要小得多，差了好几倍。现实情况提醒了我这一点。

我赶紧控制住自己的动作，小心翼翼地爬到岩石顶上。我就像患了风湿病一样，慢慢地向凯弗尔走去，走到了阳光下，和他站在一起。我们的飞行器离我们大概有30英尺远，稳稳地停在正在融化的雪地上。

我转过身，对凯弗尔说："你看！"

可凯弗尔竟然不见了！

这个意外情况让我完全震惊了，有那么一瞬间，我愣在原地一动没动。随后，我试着去看一看岩石的后面，我完全忘记了自己是在月球上，向前快速地走去。在地球行走1米的力量能让我在月球上走6米远。于是，我出现在距离岩石边5米的地方。

突然间，我有了一种只有在梦中才会出现的感觉，我觉得自己好像落入了深渊一样。一个人如果在地球上摔倒了，在第一秒的时间里会下落5米，但如果在月球上的话，他只会下落80厘米。就因为这样，我轻轻地向下平稳地飘了大概有9米。我好像一直在往下落。其实，这个过程只持续了3秒而已。我就这样在空中飘着，平稳地往下落，像轻盈的羽毛一样。最后，我落到了一个岩石嶙峋的山谷里，膝盖都没在了雪地里。

"凯弗尔！"我一边环顾四周，一边大声地呼喊着，但还是没有发现他的踪迹。

"凯弗尔！"我喊得更大声了。

突然，我发现了凯弗尔，他正微笑着向我招手。他距离我大约20米远，就站在一个光秃秃的峭壁上。我听不到他在说什么，但看懂了他的手势：他是让我跳到他那里去。

我有些迟疑：在我看来，我们之间的距离实在是太远了。可一转念，我又意识到，凯弗尔都能跳那么远，我肯定也能。

我迈开双脚，用尽全力跳了起来。我竟然像弓箭一样，一下子飞到了空中，似乎永远落不下来了。这个飞行真是非常奇妙，神奇得像是在梦中一样，有些惊险，但我又感到十分愉快。

可我跳的力度似乎稍微大了一些，竟然一下子飞过了凯弗尔的头顶。

站在月球上射击

"航天之父"齐奥尔科夫斯基曾写过一本科幻小说，叫《在月球上》。接下来，我们要讲的这个故事就选自这本书，这个故事可以让我们更好地理解物体在重力作用下的运动条件。因为大气的存在，地球上所有物体的运动都会受到阻碍，所以很多原本非常简单的物体坠落定律，就不得不增加很多附加的条件，运动也变得复杂起来。而月球上是没有大气存在的，如果我们能够到月球上做科学试验，去研究物体下落的话，那里会是一个条件极佳的实验室。

在小说中，有两个人来到了月球上，他们讨论着一个问题：在月球上，从手枪里打出的子弹会怎样运动？

"可是，在这里，火药能起作用吗？"

"因为空气会阻碍火药的爆炸，所以在真空中，爆炸物的威力可比在空气中要大得多。至于氧气，则是完全用不着的，因为火药本身已经包含足够的氧气了。"

"那我们把枪口朝上，这样子弹射出去之后，我们就可以在附近找到它……"

一道火光闪过，伴随着微弱的声音，还有微微颤动的土壤。

"枪塞飞到哪儿去了？它应该就在附近才对。"

"枪塞跟子弹一起飞出去了，它可不会落在子弹的后面。在地球上的时候，它被大气阻碍，不能和子弹一起飞走，但在这里，即使是羽毛，它落下的速度和石头都是一样的。你拿一小片羽毛，我拿一个小铁球，如果我用铁球击中一个目标的话，你肯定也能用羽毛击中，哪怕这个目标非常远。因为在这里，物体受到的重力很小，所以如果我能把小球扔出400米远，你也能把羽毛扔出那么远。而且，你的羽毛还不会破坏任何东西。在投掷的时候，你甚至都感觉不到你在扔东西。咱们俩的力气差不多大，现在咱们就以那块红色的花岗岩为目标，使出全部力量把手中的东西扔过去吧……"

结果就像有强烈的旋风把羽毛吹起来一样，它竟然还落在了铁球前面一点儿。

"这是怎么回事？刚才开枪到现在已经3分钟了，子弹怎么还没有掉下来？"

"它应该很快就会回来的，再等2分钟吧！"

果然，过了2分钟，我们感到地面在微微颤动。同时，我们看到了枪塞就在不远的地方跳动着。

"子弹飞的时间可真够长的。那它能飞多高呢？"

"因为这里的重力很小，又没有空气的阻力，所以子弹能飞得非常高，差不多有70千米。"

我们现在来检验一下：假设子弹脱离枪口时，它的运行速度是500米／秒。假如地球上也没有空气，这颗子弹能够达到的高度是：

$$h = \frac{r^2}{2g} = \frac{500^2}{2 \times 10} = 12500 \text{（米）} = 12.5 \text{（千米）}$$

由于物体在月球上受到的重力只有在地球上的 $\frac{1}{6}$，所以重力加速度 g 也就只有 $\frac{10}{6}$ 米／秒²。那么，在月球上时，子弹可以上升的高度是：

$$12.5 \times 6 = 75 \text{（千米）}$$

无底洞

现在，人们对地球内核的物质构成依然知之甚少。有人认为，几百千米厚的地壳肯定是坚硬的，地壳的下面应该是炽热的液态物质。也有人认为，整个地球从地表到中心都是凝固的。要解决这个问题确实很难，如果人类能将地球凿穿，沿着地球的直径凿一个洞出来，那么就很容易知道地球内核部分是由什么物质构成了。可科学的发展还无法让我们实现这个愿望。现在，地球上所有的井的深度之和虽然已经比地球的直径还要大了，但我们依然还是无法完成这样的任务。数学家莫佩尔蒂、哲学家伏尔泰都曾梦想过在地球内部钻一个隧道。法国天文学家弗拉马里翁也曾重提过这个梦想，图43就是这位天文学家关于这个计划的设计图纸。

当然，还没有人做过这样的事情。但是利用这个想象的"无底洞"，我们可以做一个有趣的实验。暂且不考虑空气的阻力，假如你不小心掉进了一个"无底洞"，你会发生什么事情？当然你肯定不会掉到洞底，因为这个洞没有底，那你最终会停在哪里呢？难道是停在地球的中心？答案是不会的。

因为当你下落到地球中心的时候，你身体的运动速度会很大，差不多是8千米/秒，这样的高速下落，你根本就不可能停留在地球的中心，你将会继续不停地向下飞去。而你的运动

图43　沿着地球的直径钻一个隧道。

速度在逐渐减小，直到你落到洞的另一侧边缘。这时候，你必须紧紧地抓住洞的边缘，不然的话你还会重新落到洞里去，不得不再来一次穿越。如果你运气很差，没来得及抓住任何东西，你就只能不停地在这个洞里来回摆动。根据力学的原理，如果空气阻力不算在内的话，物体在这种情况下，只会不停地来回摆动。假如有空气阻力的话，阻力就会逐渐减弱这种来回的摆动，那人最后就会停在地球的中心了。

那么，穿洞一次需要花多长时间呢？如图44所示，来回整个路程差不多需要84分24秒。

佛兰马里翁说：只有当我们沿着地球一极的开口向另一极把洞掘出的时候，这种情况才会发生。假如我们把洞的出发点改在其他纬度，比如，非洲、欧洲或者大洋洲，地球自转的影响就也要考虑进去了。在赤道上，每一点的速度都是465米／秒，而在巴黎所在的纬度每一点的速度则是300米／秒。因为距离地球自转轴越

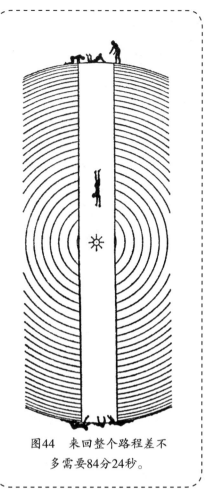

图44　来回整个路程差不多需要84分24秒。

远，圆周的速度就越大，所以小铅球被扔进洞里之后会略微向东偏移，而不是笔直地往下落。假如是在赤道上凿这个无底洞的话，那它的直径肯定会很大，因为它会非常倾斜，物体从地球表面掉落下来的话，会远离地心偏向东方。

如果是在南美洲的一个高原上开始凿这个洞，假设这个高原的海拔是2000米，那另一端的洞口就应该是在海洋上。假如有人不小心落进美洲这一端的洞口，在到达对面洞口时，他的速度一定还可以使他在飞出洞口之后，继续往上再飞2000米。在这种情况下，我们就要小心了，不要和那位在洞口处仍在飞速前进的"旅行家"撞上。

这个洞的两个洞口如果都需要在海面上的话，那么穿越的人在洞口时，他的速度就会为零。

童话中才会出现的隧道

很早以前，圣彼得堡曾经出版过一部科幻小说，书名很奇怪，叫《圣彼得堡与莫斯科之间的自动地下铁路》。这本书只有3章的内容。作者在书中提出了一个非常聪明的规划，只要对物理学中奇怪现象感兴趣的人，都对这个规划很好奇。

作者的计划是：挖掘一条长600千米的隧道，用一条笔直的地下管道把俄国的新旧两个首都连接起来。这样的话，人们就不用走弯路（地球表面是弧形的）了，只需在笔直（隧道是地面的一条弦）的道路上行进就可以了。人类以前从来没有这样做过，这是第一次。

如果这样一条隧道真能被修造出来的话，它将拥有一个特性，一个世界上其他任何一条道路都没有的特性：在这样的道路上，任何车辆都能自己行动。上文中，我们介绍了穿越地心的"无底洞"，大家不妨回想一下。这条从圣彼得堡通往莫斯科的隧道，其实也是一个无底洞，只不过它是沿着一条弦而不是沿着地球的直径挖掘的。如图45所示，大家可能会认为，这个隧道是水平的，利用重力的话，火车一定不可能在里面行驶。其实，这是一种错觉。大家可以通过想象着画两条地球半径，这两条半径朝向隧道的两端，而半径的方向是垂直的，这样一画就一目了然了，你会明白隧道和垂直线之间是倾斜的，并不是成直角的。

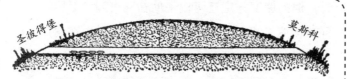
图45 如果在圣彼得堡与莫斯科之间挖掘一条隧道，那么不需要火车头，火车靠自身的重量就可以在其中来回行驶。

在这样一个倾斜的隧道里，任何物体都可以在重力的作用下紧贴隧道底部来回移动。隧道里如果有铁轨，火车就可以在里面滑行，车身的重量就可以成为牵引力，取代火车头的功能。火车在开动时，可能会行驶得比较慢，但随后速度会逐渐加快，不久就会快到令人难以想象的程度（我们暂且不考虑空气的阻力，只对火车的运动进行研究）。在接近隧道中点的时候，火车的速度会变得极大，甚至比炮弹还要快几倍！这样的速度差不多就可以使火车到达隧道的另一端了。如果没有摩擦力，"差不多"3个字也可以去掉了。那么，即使没有火车头，火车自己也能从圣彼得堡开到莫斯科。

而且有一点很奇怪，火车从隧道走一趟所需要的时间也是42分12秒，和物体穿过"无底洞"所需要的时间是一样的。也就是说，火车行驶所花费的时间竟然与隧道的长短没有关系。不管是从圣彼得堡到莫斯科，还是从莫斯科到海参崴，又或者是从莫斯科到墨尔本，火车所需要的时间都是一样的！另外，还有另一个与"无底洞"相关的奇怪现象：物体在无底洞里往返所需要的时间只与行星的密度有关，跟行星的大小无关。不仅如此，不只是火车，其他任何车辆，比如，马车、汽车等，它们通过隧道需要的时间都是一样的。虽然这样的隧道并不像童话中经常描写的那样自己会飞、会移动，但是不管采用什么交通工具，它们都可以以难以想象的速度，从道路的一端飞驰向另一端！

隧道是如何挖掘的

图46所示的是3种挖掘隧道的方法。请问，哪一条隧道是沿水平方向挖出来的？

答案是中间那一条。这条弧线上所有的点其实都与垂直线（地球半径）相垂直。而且这条弧线的曲率与

地球的曲率也完全一样。所以,这条隧道才是水平的。

通常大型的隧道都是按照图46所示的形式建造的:沿着与地面相切的两条直线,向两端延伸。在前半段,隧道是微微向上隆起的,在后半段会向下倾斜一些。这样做有一个好处,就是水会自己流出洞口,在隧道里不会有积水存在。

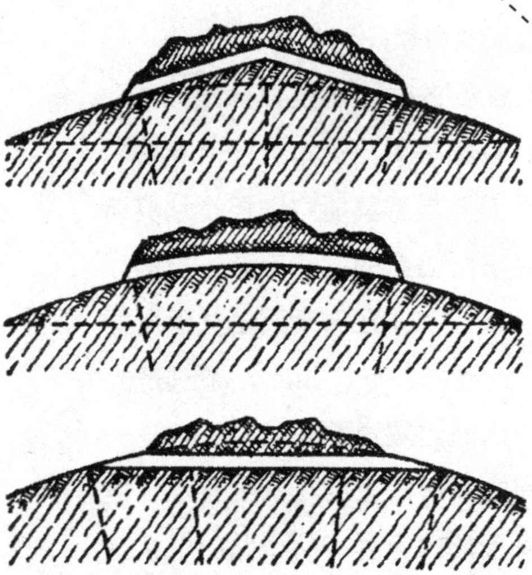

如果工人严格沿着水平的方向来建造隧道,那么这么长的隧道肯定就是弧形。而且由于水不管处于隧道的哪个地方,都处于平衡状态,隧道里的水也不会流到外面去。如果这样的弧形隧道的长度超过了15千米(瑞士的辛普伦隧道就长达20千米),那么我们站在隧道这一端的入口,是看不到另一端的。因为隧道的两端比中点至少要低4米,人们的视线就会被隧道中点的顶端位置给遮住。如果隧道是沿着直线挖掘出来的,那么这条隧道就会从两端开始逐渐向中点倾斜。这样的话,水不但无法从隧道里向外流,反而会汇集到隧道的中间,因为那里是最低的部分。不过在这种情况下,人站在隧道的这一端就能看见另一端。这里所讲的内容,我们可以通过

图46　3种开掘隧道的方法,哪条是水平的?

图46非常直观地看出来。由此图和上面的分析也可以看出,所有的水平线其实都是弯曲的,完全笔直的水平线并不存在,不过垂直线却总是笔直的。

Chapter 5
乘着炮弹去月球

"牛顿山"真的存在吗

在运动定律和引力定律的讲述即将结束之前，我们再来研究一下飞到月球的旅行。在凡尔纳的小说《从地球到月球》和《环绕月球》中就有精彩的描写。很多人肯定都还记得，北美战争已经结束了，巴尔的摩大炮俱乐部的成员们开始闲得没事可干了，于是他们决定铸造一门大炮。在大炮里，能放下一枚极大的空心炮弹，这颗炮弹大到能够坐得下乘客。然后，这颗空心炮弹车厢就可以用大炮将人发射到月球上去。

这个想法看起来是如此大胆，那它是不是真的荒诞不稽呢？要回答这个问题，首先要先弄明白：能否给物体这样一个速度，使一个物体离开地球表面后再也回不来？

万有引力的发现者牛顿曾在自己的著作《自然哲学的数学原理》一书中说过这样几句话。为了让大家更容易理解，我们把原文翻译后进行了适当加工：

在重力的作用下，石块在投出去后会偏离直线方向，形成一条曲线轨迹，最终掉落到地球上。如果石块被投掷出去时，速度能大一些，它就可以飞得远一些，那么就有可能发生这种情况：当石块速度足够大时，它可以沿着一条非常长的弧线飞行。这条弧线可以长达10英里、100英里、1000英里，甚至飞出地球的边界，再也不回来了。如图47所示，

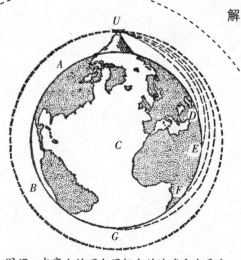

图47　在高山的顶上用极大的速度向水平方向投掷石头，石头会沿什么方向下落？

地球表面用AFB表示，C代表地心。将物体从很高的山顶U向水平方向投掷出去，我们将它在速度递增的情况下形成的运动曲线用UD、UE、UF、UG来表示。假设大气不存在（也就是将大气阻力忽略不计），那么在速度最小的时候，物体的运动曲线是UD；当速度大一点儿的时候，物体的动力曲线是UE；UF、UG则代表速度更大的时候。只要达到一定的速度，物体就能够环绕地球一圈，最后回到"出发"的那个山顶。因为没有空气阻力，物体回到出发点时，它的速度并不会小于投掷时的速度，所以物体将会继续沿着相同的曲线不停地飞翔。

如果在这座山顶放一门大炮，那么炮弹从大炮里射出后，只要速度能达到足够大小，它就会围绕着地球一直不停地旋转下去。通过简单计算我们可以知道，要达到这个目标，炮弹所需要的速度大约是8千米/秒。只要炮弹从炮口射出后速度能达到8千米/秒，它就能离开地球表面，变成地球的一颗卫星。这颗"炮弹卫星"只需要1小时24分就可以绕地球一周。它的运行速度是地球赤道上任何一点的17倍。这枚炮弹的速度如果能再大一些，它环绕地球的路线将会是一个拉长了的椭圆，而不再是一个圆，而且飞行的路线会离地球很远。开始时，炮弹的飞行速度要达到11千米/秒，才能出现这种情况。需要再次提醒大家的是，炮弹要出现这样的情形，必须是在没有空气阻力的情况下。

那么用凡尔纳提供的工具，我们能飞到月球上去吗？我们现在就来分析一下。在现代的科技条件下，从大炮中射出的炮弹所能得到的第一秒的速度大约为2千米/秒。这个速度只是物体能够飞到月球所需要的初速度的$\frac{1}{5}$。小说中的主人公们却认为，只要他们制造的炮弹足够大，再装上火药，炮弹就能够获得足够大的速度，然后一直飞到月球上去！

飞向月球的 "炮弹车厢"

就这样，大炮俱乐部的成员们果然制造了一尊超级大的大炮，大炮垂直埋在地下，总长达250米。接着，他们又铸造了适合大炮发射的大炮弹，炮弹总重是8吨，里面还设有客舱。在大炮里装上160吨的火药。按照小说作者所说，在炮弹射出之后，炮弹的飞行速度是16千米／秒。由于空气阻力的作用，这个速度会减小到11千米／秒。这样，凡尔纳笔下的炮弹就可以飞出大气的边界，最终到达月球了。小说中就是这样描述的，在物理学上，它能否说得通呢？

通常读者最不易产生怀疑的地方，反而就是凡尔纳的设计中最站不住脚的地方。首先，大炮如果是用火药来发射的，那它发射的炮弹速度可能很难大于3千米／秒。此外，凡尔纳没有足够重视空气阻力的影响。在炮弹直径如此大的情况下，空气阻力对炮弹的飞行路线会产生极大的影响，甚至完全改变它。除此之外，人类乘着炮弹飞向月球的计划还有一个非常严重的破绽。

很多人可能会认为，对乘客而言，最危险的时刻是在从地球飞向月球的途中。其实，假如乘客能够坐在"炮弹车厢"中安全离开炮口，在以后的旅途中他们就不会有一点儿危险了。乘客们坐在车厢中，在宇宙间奔驰的飞行速度虽然很大，但是他们并不会受到伤害，就好像地球绕着太阳转的速度也很快，但是生活在地球上的居民并没有感到任何不适一样。

一顶压死人的礼帽

对坐在炮弹里的乘客而言，炮弹在炮膛里运动的那百分之几秒的时间才是最危险的时刻。因为就在这十分短暂的时间里，乘客的运动速度要从零瞬间增加到16千米／秒！难怪小说中的旅客在等待开炮的时候都有些瑟瑟发抖。巴比尔根非常肯定地说，坐在炮弹中的旅客在炮弹射出时，他们所面临的危险可能比站在炮弹前面时还要大。这种说法是完全正确的。在炮弹发射时，乘客会受到来自客舱底部的打击力量，这个力量与炮弹在行进中击中任何其他物体时，那个物体受到力量是一样大的。小说主人公们显然没有意识到会存在这样大的危险，在他们看来，最坏也不过是头上出点儿血而已。

其实，实际情况是非常严重的。在火药爆炸时形成的气体压力作用下，炮弹的速度在不断增大，它在炮膛里是加速前进的：这个速度在1秒钟的时间内就从零增加到16千米／秒。为了更方便理解，我们假设这16千米／秒的速度是匀速增加的。那么，炮弹的速度要在这么短的时间内达到16千米／秒的话，它所需要的加速度就得达到600千米／秒^2。

大家都知道，地球表面的重力加速度大约只有10米／秒^2。还有大家可能不知道的是，一辆赛车开始快速运动的时候，加速度要小于2米／秒^2；而一辆火车在平稳地出站时，加速度不超过1米／秒^2。有了这些对比，再来看600千米／秒^{2}这个数字，它代表着什么意义，就很清楚了。这就意味着，在炮弹发射的时候，在炮弹中的每一个物体施加在舱底的压力，将会达到这个物体本身重量的60000倍。也就是说，炮弹中的乘客会觉得自己比平时重了几万倍！他们瞬间就会被压死。如在发射的一瞬间，巴比尔根先生头上的那顶大

礼帽会重达15吨——相当于一辆装满货物的列车车厢的重量。如此沉重的礼帽一定会在瞬间就把它的主人压成肉饼。

小说作者也考虑到了这种危险，所以他也描述了一些方法以减小撞击力：把弹簧的缓冲装置装在炮弹里；把盛满水的夹底装在两个底之间的空隙里。这样能够稍微延长一些撞击时间，速度增加也会减慢。但是，由于那个瞬间的压力实在是太大了，这些装置的作用是非常有限的，乘客被压向地板的压力也许会小了一些，但一项重达十四五吨的礼帽同样还是会压死人的。

怎样减小炮弹内部的"人造重力"

运用力学原理，我们可以把急剧增加的速度适当减缓。

只要把炮筒加长几倍，急剧增加的速度就可以减缓。在炮弹发射的时候，如果我们希望炮弹内部的"人造重力"与地球上的重力一样，炮身就要造得非常长。大致计算一下可以知道，要达到这样的目的，大炮的炮身长度不多不少恰好是6000千米。这是多长的距离呢？直观点儿说，就是凡尔纳的哥伦比亚号大炮要一直延伸到地球的正中心才行。这样一来，乘客坐在炮弹里面，就不会感觉有任何不舒服了。这时，炮弹速度缓慢增加而产生的重量极其微小，所以加在他们身上的重量就不会变得很大，乘客感觉到的全部重量只会比之前增加1倍而已。

在极短的时间内，承受比平时大几倍的重力，人体是不会受到伤害的，完全能够经受得住。比如，当我们踩着雪橇从山顶上滑下来时，我们的运动方向迅速地发生了改变，我们的重量也急剧增加了。这就是说，我们的身体比加速前要更有力地压在雪橇上，即使重力增加到原来的3倍，我们也没有感到任何不舒服。假设人在这种情况下不受到伤害的条件是，在很短的时间内能承受比自身重10倍的重量，那么这尊大炮的炮身只要600千米长就行了。即使如此，也没什么值得高兴的，因为在现代技术条件下，这样的炮是根本制造不出来的。

几道关于"炮弹飞行器"的题目

对于上文中所提到的各种计算，一定会有一些读者朋友愿意自己来验证。在这里，我们把这些算法都列出来。不过，这些数值只是近似数值，因为我们假定炮弹在炮膛里是均匀加速的（实际上不同时刻的加速度并不同）。

在后面的计算中会用到以下公式：

t秒末的速度为：$v=at$。（其中，a为加速度。）

t秒内经过的距离为：$S=\dfrac{1}{2}at^2$。

根据这两个公式，我们可以先计算出在哥伦比亚号大炮炮膛里时，炮弹的加速度是多少。小说里说没有装火药的炮膛部分长是210米。这也就是大炮需要走的路程S。

上文中已介绍炮弹最终的速度是：$v=16000$米／秒。在知道了S和v之后，假设炮弹进行的是匀加速运动，那么我们就可以计算出炮弹在炮膛里运动了多长时间。由于$V=at=16000$，代入公式可得：

$$210=S=\frac{1}{2}at^2=\frac{16000t}{2}=8000t$$

可得：

$$t = \frac{210}{8000} \approx \frac{1}{40} \text{（秒）}$$

炮弹在炮膛里差不多滑行了 $\frac{1}{40}$ 秒，把数据代入公式 $v=at$，可以得出：

$$16000 = \frac{1}{40}a$$

$$a=640000 \text{（米／秒}^2\text{）}$$

也就是说，炮弹在炮膛里的加速度是640000米／秒^2，这几乎是重力加速度（g）的64000倍。如果只想让炮弹的加速度是重力加速度的10倍，也就是100米／秒^{2}的话，炮膛需要有多长呢？

把刚才的算法进行逆运算就可以得到：已知数据 $a=100$ 米／秒^2，$v=11000$米／秒（在真空中运行，没有大气阻力时，能达到这样的速度）。

由公式 $v=at$，代入数据，可以得到：

$$11000=100t$$

$$t=110 \text{（秒）}$$

通过公式 $S = \frac{1}{2}at^2$，可以算出炮膛的长度，代入数据可得：

$$S = \frac{1}{2}at^2$$

$$= \frac{1}{2} \times 11000 \times 110$$

S取整可得600米。

这些数据可以轻松驳倒凡尔纳小说中看似非常诱人的计划了。

Chapter 6
液体与气体

永不下沉的海

很早以前，人们就知道世界上有一片海是不会把人淹死的，这就是著名的死海。死海的水非常咸，所以在死海里一般的生物无法生存。巴勒斯坦酷热干旱的气候导致海面的水被大量蒸发，而且被蒸发的只是纯水，那些溶解在水里的盐分依然留在海里，于是死海的含盐量越来越高，盐的浓度越来越大。按重量来计算，大多数海洋的含盐量只有2%～3%，而死海的含盐量达到了27%，甚至更多。而且水越深所含盐的浓度越大。这样，死海含盐的总量大约为4000万吨。在死海包含的所有物质当中，溶解的盐占到了$\frac{1}{4}$。

高含盐量使得死海海水呈现出一个与众不同的特点：死海的海水比普通的海水要重得多。因为它比人体都重，所以人在这样的液体里是不会被淹死的。

> 马克·吐温（1835～1910），美国著名作家，演说家，代表作有《汤姆·索亚历险记》《百万英镑》等。

与同体积的浓盐水相比，我们身体的重量要轻得多。所以根据浮力规律，人在死海中会浮在水面上，就像鸡蛋在淡水中会下沉，但在盐水中会漂浮起来一样。

马克·吐温 曾经游览了死海，并和同伴一起在死海中游泳，他用幽默的语言描述了这种非同寻常的感觉：

这次游泳真是非常有趣！我们一直浮在海面上，不会下沉。我们可以把双手放在胸部，还能把身体完全打开伸直，仰卧在水面上。我们大部分的身体都浮在水面以上。甚至，我们还能在很舒服地仰卧着的时候，把头完全抬起来，用双手抱起自己的两个膝盖，一直碰到自己的下颚。不过我们的头太重了，这样的动作会让我们翻跟头。我们还可以在海水中倒立起来，头朝下竖直浸在海水中，这时我们从胸脯到脚尖的部位都露在水面以上——这个姿势做一下就行了，可不能长久地保持。因为我们的双脚完全在水面上，而我们只能用脚尖来推水前进，所以我们无法游得很快。如果你头朝下游泳的话，你就是向后游，而不是往前游了。马到了死海里的话，是根本无法游泳或者站立的，它只能侧躺在海面上，因为它的身体太不稳定了。

如图48所示，一个人就这样随意地躺在死海海面的，他就这样躺着看书，而且另外一只手还能撑着伞遮挡强烈的阳光，之所以能这样做，就是因为死海海水超于常规的比重。

不止死海，在里海的卡拉博加兹戈尔海湾上有一个湖，叫埃尔唐湖，这个湖的含盐量也达到27%，同样具有和死海一样的特性。

图48　躺在死海上的人。

体验过盐水浴的病人同样感受过这种无法下沉的感觉。在含盐量特别高的水中，比如，旧鲁萨矿水，病人如果想把自己的身体贴到浴盆底部，就必须花费很大的力气。我曾经听说过这样一件事，一位女病人在旧鲁萨疗养时，对管理员生气地抱怨说自己总是感觉被水拼命往浴盆外推。看来，她认为这应当归咎于疗养院的管理员，而不是由于阿基米德原理的存在。

不同海洋中海水的含盐量并不相同，所以船只在不同的海洋中吃水的深度也是不同的。有些读者可能曾经见过轮船侧面有一种标记，就在吃水线附近，这种标记叫"劳埃德记号"，它表示的是船只在不同密度的水里最高吃

图49 轮船侧面的载重标注示意图。

水深度是多少。最高吃水深度指的就是船上的载重标志。图49的标注分别表示：

淡水的最高吃水深度：*FW*
夏季印度洋的最高吃水深度：*IS*
夏季咸水的最高吃水深度：*S*
冬季咸水的最高吃水深度：*W*
冬季北大西洋的最高吃水深度：*WNA*

从1909年起俄国就要求船只必须做这样的标记了。最后，还想补充一点儿小知识。自然界中还有这样一种水存在：在不含杂质的时候比普通的水要重一些。这种水的比重是1.1。就是说，它比普通水重10%。所以人在这样的水池中，即使不会游泳，也不会被淹死。这种水就叫作"重水"。它的化学式是D_2O（重水中的氢原子是普通氢原子的两倍，化学符号是字母D）。在生活中，普通的水中也常常含有少量的重水：10升饮用水大约含有2克重水。现在，我们已经可以得到基本纯净的重水了。在这种超纯的重水中，只含有0.05%的普通水。

破冰船如何在冰上作业

大家在洗澡时，可以做一下这个实验：洗完后不要走出浴盆，而是躺在浴盆里，打开浴盆的放水孔。随着身体露出水面的部分越来越多，你会感觉自己的身体好像越来越重了似的。你可以十分清楚地看到：身体在水里失去的重量当它一旦露出水面，就会马上恢复。这时候，你不妨回想一下，在水里的时候你是不是觉得自己非常轻。

在海水退潮的时候，鲸鱼如果不小心留在了浅滩上，它也会有同样的感觉，这对它来说是致命的，它本身巨大的重量会把自己压死。这就是鲸鱼要在水里生活的原因，因为水的浮力可以保证它的安全。

破冰船也是根据同样的原理工作的。由于没有被水的浮力作用给抵消掉，所以它露在水面的那一部分船身的重力没有发生变化，依然保持着自身在陆地上时的重量。读者们不要认为，破冰船在破冰时是利用自己船首部分的压力切断冰块的。真是如此的话，破冰船应该改名叫切冰船才更为合适。而且这种作业方法只有在遇到比较薄的冰时才起作用。

真正的破冰船在海洋工作时，采用的是另外一种方法。在发动破冰船上的功率强大的机器时，机器产生的动力能把破冰船的船头移到冰面上去。因此船头水下部分的形状也被设计得具有一定斜度。当船头出现在水面上的时候，它马上就恢复了自己的全部重量，冰就是被这个极大的重量给压碎的。人们有时还要将船头的贮水舱里装满水，也就是所谓的"液体压舱物"。这样就可以增强破冰的力量了。

在冰块厚度不超过半米时，破冰船就是采用这种方法作业的。如果遇到更厚的冰块，就要利用船的撞击作用来处理了。破冰船需要先往后退，然后用自己的全部重量猛撞冰块。这时候，破冰船就好像变成了速度不大但是质量很大的炮弹。在遇到厚冰层时，起破冰作用的是船的动能，而不是船自身的重量。

碰到几米高的冰山，要想把它撞碎，就需要破冰船利用它异常坚固的船头猛烈地撞击好几次才行。

水手马尔科夫曾经参加过1932年著名的"西伯利亚人"号破冰船穿越极地的航行。对于破冰船的作用，他是这样说的：

  "西伯利亚人"号破冰船在几百个冰山中间——那些被厚实冰块覆盖的地方——"战斗"。连续52个小时，信号机上的指针一直在"全速后退"和"全速前进"之间摆动。"西伯利亚人"号急速向冰块冲去，用船头撞击它们。每撞击一

次，船身就能向前推进$\frac{1}{3}$。它还爬到冰上用自身的重量把冰山压碎，然后再退回来。这样不断反复的海上工作一共持续了13班，每班4个小时。在"西伯利亚人"号的巨大威力之下，厚度达到0.75米的冰块被击碎了，道路被慢慢打开了。

沉没的船只去了哪里

有一种观点在很多人甚至是水手之间都很流行，他们认为，船只如果在大洋里沉没了，它是不会沉到海底的，而是一动不动地悬浮在深海的某个地方。因为上面各层水的压力作用，在深海的某处，海水的密度"已经变得非常大了"。

好像连《海底两万里》的作者凡尔纳也认同这种观点。他在小说《海底两万里》的第一章里，就描写了一艘沉没的船，这艘船就安静地悬浮在水里。而在另外一个章节中，他再次提到一些"浮在水里的破船"。

那这种观点是否正确呢？

这种观点看起来好像是有些道理的。在深海里，水的压力的确可以达到非常大的程度。沉在海里10米处的物体，它每平方厘米所受到的水的压力只有1千克；到了20米的深处，压力就变成了2千克。以此类推，100米的深处就是10千克，而到了1000米就达到100千克了。有些海洋的深度可以达到几千米，甚至更深。比如，位于马里亚纳群岛附近的深海区，深度可以达到11千米。我们很容易就能算出在这样的深水环境下，不论是海水还是沉没在其中的物体，它们承受的压力有多大。

如果把一个空瓶塞紧瓶塞，投入到深水中，随后再把它捞上来，你会发现水已经把瓶塞压进了瓶子里，瓶子中装满了水。著名的海洋学家约翰·莫里在他的著作《海洋》一书中曾记录了他做的一个实验：

取3根粗细不同的玻璃管。把这些玻璃管的两头都烧熔封闭。然后，用帆布把这些玻璃管裹上，放进一个铜制圆筒里。圆筒的上面有孔，水可以自由进出。然后把这个圆筒放到大约5千米深的深水处。

当你把这个圆筒捞出来之后，你会发现帆布里面全是像雪花一样的碎玻璃。

假如我们把一块木头放到这样深的水里，捞出来以后你会发现，木头就像砖块一样沉到圆筒底部。这些都是因为水的巨大压力的作用。

所以我们自然会认为，深海中的水一定会被这样大的压力压得非常密实。这样的话，重物在到达那个地方之后，就不可能再往下沉了。这就好像秤砣不能在水银里下沉一样。

实际上，这种见解是经不起分析的。有实验证明，水和其他所有液体一样，都很难被压缩。当有1千克压力作用在1平方厘米的水面上的时候，水的体积只能缩小 $\dfrac{1}{22000}$ ，而这种外在压力每增加1千克，水体积的缩小幅度其实并不大。如果想达到铁都可以浮在其中的程度，我们得把水压缩到什么样啊？答案是水的密度需要增加到原来的8倍。但是，如果将水的密度增加1倍，也就是

> 英国有位物理学家曾计算过，假如地球引力有一天突然消失了，水也就没有了质量，那么被压缩的水就会恢复成原来的体积。这样的话，海平面平均就会上升35米。这时，海水会淹没5000000平方千米的陆地。因为陆地之所以能出现在水面上，就是因为周围的海水被压缩了。

说将水的体积缩小一半，就得在1平方厘米的水面上施加重达11000千克的压力（我们姑且假设在这样的压力下，水的压缩率也是这么大）。而如此巨大的压力只有在海下110千米的深处才会出现！

根据上面的分析我们可以知道，大洋深处的水的密度会有很大的变化，这种想法是不对的。即使在水最深的地方，水的密度的变化也不大，只是增加了 $\dfrac{1100}{22000}$ 倍，也就是正常密度的 $\dfrac{1}{20}$ 或5％而已。这种密度变化对水中各种物体的沉浮条件基本上不会产生什么影响。另外，还有一点别忘了，固体物

质沉浸在这种水里时，也会受到同样的压力，所以也会变得更密实一些。

所以，沉没的船只肯定会一直到达海底。莫里说："如果某样东西在一杯水里会沉底的话，到了海里也一样会沉到海底最深处。"我看到有人并不同意这个观点，他们是这样辩解的："如果把一个玻璃杯底朝天小心翼翼地浸在水里，那这个玻璃杯就会悬浮在水面上。因为玻璃杯排开的那一部分水的重量与玻璃杯的重量恰好相等。如此放置更重一些的金属杯子的话，它也一样会浮在水面上，并不会沉到水底去，只不过水位会更深一些而已。"

同样的道理，当巡洋舰或者其他船只不幸沉没的时候，也有可能在中途"停留"，待在通往海底的半道上，而不是沉底——如果船上的某些地方是密封的，里面含有空气无法外泄的话，那么这艘船下沉到达一定的深度之后，就会停下来，待在那里不动了。而且很多船只都是底朝天沉到海里去的。海洋里一定有一些沉没的船只并没有沉到海底，而是悬浮在深海中的某处。这些船只只要受到一点点推力，就会失去平衡，船身就会翻转过来被水装满，一直沉到海底去。但是我们知道海洋深处十分安静，没有任何声音，连暴风雨的回声都到达不了那个地方，又怎么会产生这种推动力呢？

所以，以上所有这些论证的物理学基础都是不正确的。底朝天的玻璃杯同木块或者用瓶塞塞紧的空瓶子一样，它们自己是不会沉到水里去的，而需要依靠外力作用才能沉到水里。同样的道理，底朝天的船只只会停留在水面上，不会往下沉，所以也不可能停留在通往海底的半道上。

凡尔纳的幻想能否变成现实

小说家凡尔纳幻想出来的"鹦鹉螺"号是非常先进的。但现在，我们的许多潜水艇的科技水平在很多方面已经赶上甚至超过了它。凡尔纳在小说中幻想的"鹦鹉螺"号的速度高达50 海里 ／小时。不过"鹦鹉螺"号也有落后的地方，它的排水量只有1500吨，船上只有二三十个水手，持续潜水时间不超过48个小时。

1海里≈1.8千米。

法国于1929年建造的"休尔库夫"号潜水艇已有3200吨以上的排水量。艇上的水手多达150人。而且它的持续潜水时间能够保持120小时。

这艘潜水艇从法国港口开往非洲马达加斯加，不需要停靠在任何一个港口休整。同"鹦鹉螺"号一样，"休尔库夫"号上的居住环境也非常舒适。而且与尼摩船长的潜水艇相比，"休尔库夫"号还有一个非常显著的优点：它的上层甲板上装有防水的飞机库，可以供侦察用的水上飞机停靠。而且，凡尔纳笔下的潜水艇上没有潜望镜，所以这艘潜水艇无法从水底观察水面上的情况。

现实中的潜水艇的入水深度不能像"鹦鹉螺"号那样深，这也是唯一一个远远落后于小说家幻想出的潜水艇的地方。但我们要知道，在入水深度这一点上凡尔纳的幻想其实并不可行。在他的小说中，我们可以读到这样的句子："尼摩船长已经到达了海面以下3000米、4000米、5000米甚至7000米、9000米、10000米的地方"。"鹦鹉螺"号有一次还达到了16000米的海洋深处。小说的主人公这样说道："潜艇铁壳上的拉条好像都在抖动，我觉得它的支柱好像都弯了。在水的压力下，窗户好像也在向里凹陷。幸亏我们的船就像是一个浇铸而成的整体。如果不是这样坚固的话，它肯定立刻就会被水压扁。"

这种担心是有道理的。在水下16千米的深处（如果海洋中真有这么深的地方的话），水的压力可以达到$16000 \div 10 = 1600$千克／厘米^2，也就是1600个大气压。

这样大的压力虽然不能压碎铁块，但压垮船体构造是没有问题的。不过，现代的海洋地图上并不存在那么深的地方。凡尔纳时代的人之所以认为海洋有那么深，是因为那时候的探测工具还不是很先进，用来做测锤线的不是铁丝而是麻绳。入水之后，水的摩擦力会把测锤线截住。到了一定的深度之后，麻绳都纠缠在了一起，测锤线根本无法继续往深水放。于是，人们就得出了一条错误的结论，以为水非常深。

现在，很多潜水艇都可以承受25个大气压，这就意味着它们可以潜入深度为250米的地方。如果想要潜入到更深的地方，可以使用一种叫作"潜水球"的特殊装置（图50），这种装置是专门用来研究深海动物群的。另一

图50　沉到海洋深处的钢制潜水球。1934年，有人乘坐潜水球到达了900米的海洋深处。

位科幻小说家威尔斯曾在他的作品《在深渊深处》中描写过一种潜水球。这种潜水球的形状和图中一样。小说的主人公坐在一个厚壁钢球里，下沉到了9000米深的海底。潜水球在潜水时使用的是可卸的重物，而不是绳索。潜水球在到达海底之后，可以把重物抛掉，然后迅速上升到海面。

科学家曾经乘坐潜水球去过900米的海洋深处。工作人员用钢索把潜水球从船上放进深海里，而且坐在里面的人还可以用电话与船上的人保持联系。

打捞沉船"萨特阔"号

每年，特别是在战争时期，都有上千艘大大小小的船只沉没在辽阔无边的海洋里。各国已经打捞出了那些很有价值并且能够打捞的船只。我国曾经有一支"水下特种作业队"。这支队伍的工程师和潜水员们就因为成功地打捞了150多艘大型船只而世界闻名。在打捞出的船只中，有一艘叫"萨特阔"号的破冰船，它是于1916年在白海沉没的。由于船长的疏忽导致了船只的沉没，它在海底一直静静地躺了17年之久，最后被"水下特种作业队"打捞上来，并修理好了。

"水下特种作业队"的打捞技术完全是根据阿基米德原理来实现的。潜水员在沉没的船只下面的海底挖掘了12道沟，在每道沟里都放上一条结实的钢条，在破冰船的两边安放两个浮筒，然后把钢条的两头固定在这两个浮筒上。潜水员都是在海平面以下25米的深处完成全部工作。

浮筒（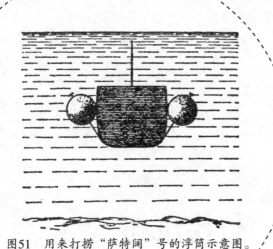图51）是用一些密闭性非常好的空铁筒制成的，直径为5.5米，长为11米。每一个浮筒都重达50吨。运用几何运算公式，可以很容易地计算出它们的体积大小大约是250立方米。很显然，这样的空筒是浮在水面上的，因为它排开的水足有250吨，而它本身的重量就只有50吨。那么，它所受到的浮力就等于250吨减去50吨，也就是200吨。工程师为了让浮筒能沉入海底，就用水把它内部装满了。

图51　用来打捞"萨特阔"号的浮筒示意图。

如图51所示，当潜水员把钢条的末端都固定在两个沉入海底的浮筒上之后，他们就开始用软管把压缩空气注入浮筒内部。大气压力在25米深水处的大小是$\frac{25}{10}+1$，也就是3.5个大气压。浮筒就会受到来自空气的将近4个大气压的压力，所以浮筒里的水就能被排出来。之后，浮筒就开始变轻，它会被四周的水的巨大力量推到海面上。就像气球在空中上升一样，它们会从水里浮上来。当浮筒里的水都被排出以后，两个浮筒受到的总浮力大小就是200×12＝2400吨，大于沉没的"萨特阔"号的重量。所以，要想把船更平稳地捞上来，只能把浮筒里面的水排出一部分。这个原理看似简单，但实际操作起来却并不容易。打捞队伍是经过了几次失败的尝试之后才把"萨特阔"号打捞上来的。"水下特种作业队"的主任工程师波布利茨基这样写道：

有这么3次，我们都在紧张地等待着，可每次看到的都不是船，只是一些混在波涛和泡沫之间的浮筒和破碎的软管而已。有两次，我们已经把"萨特阔"号打捞上来了，但我们的动作不够快，还没来得及把它固定住，它就又重新沉了下去。

在很多"永动机"的设计中，有相当一部分是以物体在水里的浮力原理来设计制造的。现在，我们来谈谈其中的一种。

有一个装满水的高塔，高为20米，高塔的上下两头各有一个滑轮。制造者把一条坚固的循环带样的钢绳绕在了滑轮上，而钢绳上还有14个边长为1米的空的方箱子，这些箱子都是用铁皮做的，密闭性很好，不会透水。图52和图53所示就是这种高塔的外观图和剖面图。

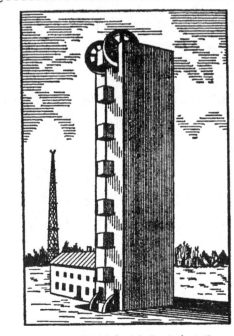

图52 "水塔永动机"的外观图。

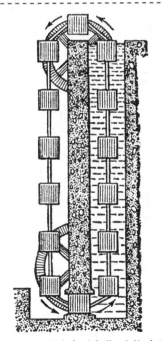

图53 "水塔永动机"的构造图。

这种装置是怎样工作的呢？熟悉阿基米德原理的人可能都会这样想：一开始，水里的箱子在排开水的重量之后，会浮向水面。浮力的大小就是被排开的1立方米水的重量乘以浸在水里的铁箱的数量。从示意图中可以看到，总共有6个箱子是浸在水里的。就是说，有相当于6立方米水的重量大小的浮力（也就是6吨）在拉动铁箱上浮。当然，铁箱本身也有重量，这部分重量试图把它们拉向水底，但是还有6个自由下垂的铁箱挂在高塔外面的绳索上，所以两边的力量是平衡的。

如此一来，绳索就会始终承受着6吨向上的拉力，然后按照上述方法不停地转动。很显然，绳索会在这个拉力下，一直在滑轮上滑动，不会停下来。而它每转一圈所做的功的大小是：$6000 \times 10 \times 20 = 1200000$焦耳（$g=10$）。

这样的话，假如一个国家遍布这样的塔，那么这些塔会给国民提供无穷的功，以满足整个国民经济的需要。发电机用动力塔来转动，就能得到无穷无尽的电能。

但事实并非如此，这个设计根本经不起推敲。仔细研究，你就会发现，绳索根本就动不起来，下面我们就来仔细分析一下其中的原理。

要想让这根静止的绳索转动起来，这些铁箱就必须能够从下面进入水塔，再从水塔上面离开。但是铁箱想要从下面进入水塔，就不得不克服来自20米高的水塔的压力。这个压力作用在每1平方米的铁箱上的大小恰好是20立方米水的重量，也就是20吨。上文说到，铁箱受到的向上的牵引力只有6吨，这个牵引力显然不能把铁箱拉到水塔里面去。

"发明家们"设计了无数的"水力永动机"，虽然他们的设计没有取得成功，但其中不乏巧妙的构思。

我们来看 图54 。这是另一种水力永动机的设计图。一只木制鼓形轮装在轴上。轮的一部分一直浸在水里。如果阿基米德原理是正确的，那么浸在水里的

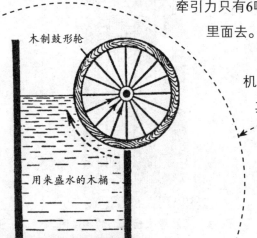

木制鼓形轮

用来盛水的木桶

图54 另一种"水力永动机"。

那部分就必然会上浮，而且只要水的推力能够克服轮轴上的摩擦力，那么鼓形轮就会不停地转动。

这个设计是不是看着很有道理？可不要着急制造这个水力"永动机"！因为鼓形轮根本不会转动，你一定会失败的。我们的推理哪里不对？是我们没有把各种作用力的方向考虑周全。这些作用力永远是垂直于鼓形轮表面的，和所有通往轴的半径方向相同。按照我们的生活经验，顺着轮子的半径去施加压力，轮子是不可能转动起来的。要想使轮子转动起来，就需要沿着轮子的圆周切线方向施加压力。现在，读者们应该就很容易理解："永恒运动"为什么总是以失败告终了。

那些想发明"永动机"的人，从阿基米德原理那里得到了诱人的"精神食粮"。他们总是不遗余力地将那些好像失去的重量当作机械能的永恒动力，所以他们确实也设计出了很多非常巧妙的装置。

气体、大气 这些名称从 何而来

很多词都是科学家"制造"出来的，比如气体这个词。除此之外，大气、温度计、电灯、电话、电流表等词也是他们想出来的。气体（gas）这个词是所有这些被"制造"出来的词当中最短的一个。与伽利略同时代的荷兰化学家、医生赫尔蒙特把希腊词chaos翻译成了gas（气体）。这位化学家发现空气其实是由两个部分组成的：一部分具有可燃或是助燃的性质，另一部分却没有这样的性质。赫尔蒙特这样写道：

我把这种东西称为气体（gas），是因为它与古代的chaos（这个词最初的含义是"发光的空间"）好像没有什么区别。

但在很长一段时间里，人们并没有接受这个新名称，直到1789年，拉瓦

锡发现了这个词，并且大力推广。

当人们开始谈论 **蒙哥尔费兄弟** 首次乘坐气球飞行的事情时，这个词才得到广泛的传播。

> 蒙哥尔费兄弟，法国航空先驱、热空气气球的发明人。

俄罗斯自然科学的鼻祖 **罗蒙诺索夫** 使用了另一个词来表示气体。他把气体称为"有弹性的液体"。这个词直到我上中学时都还在使用。不只是这个词，罗蒙诺索夫还引进了很多科技词汇，比如，大气、晴雨表、气压计、光学、测微器、结晶、抽气筒、物质、电灯、以太等，这些词现在在俄语中都还被广泛应用。

> 米哈伊尔·瓦西里耶维奇·罗蒙诺索夫（1711～1765），俄国百科全书式的科学家、语言学者、哲学家和诗人。

罗蒙诺索夫这样写道：

> 对一些没有名称的物理工具、现象和事物，我不得不找一些词语来给它们命名。尽管刚开始时，这些词汇看起来会有些奇怪，但是随着时间的推移，我希望它们会被人们所熟知。

现在看来，罗蒙诺索夫的愿望已经完全实现了。

一道看似简单的数学题

将一个可以装30杯水的水桶装满水。然后，把一个杯子放在这个水桶龙头的下面。这时，请盯着手里的表，数一数秒针要走多久，杯子才能装满水。这个过程很快。我们假设杯子装满水需要半分钟。现在，我们要提出这样一个问题请大家思考：如果把水桶的龙头一直开着，需要多长时间水桶里的水才能流完?

从表面上看,这道题简直连小孩子都知道怎么做:既然半分钟流完一杯水,那么流完30杯水的话,肯定就是15分钟了。真的是这样吗?不妨做一个实验来求证一下。你会发现水桶中的水全部流出需要花费的时间是半个小时(30分钟),而不是15分钟。

这道算术题明明很简单呀,可为什么答案不对呢?

确实,上述计算方法是不正确的。因为那个算法忽略了一个事实,那就是水流速度在不断改变,不是自始至终都一样的。在第一杯水流出之后,水桶的水位降低了,水流受到的压力有所减小。要想把第二个杯子装满的水,就要花费比半分钟更多的时间。同理,装第三杯水时,水流得会更慢……以此类推,我们就知道了,要想让水桶里的水流光,自然需要更多的时间。

这种现象其实也是有规律可循的。把任何一种液体装在一个没有盖的容器里,液体从孔里流出来的速度与位于孔上面液体柱的高度都是成正比。这个关系是伽利略的学生托里拆利最先发现的,他还用简单的公式把这种规律表达了出来:

$$v = \sqrt{2gh}$$

式中,g表示重力加速度,v表示液体的流速,h表示孔上面液体柱的高度。从公式,我们可以看出,液体的流动速度跟液体浓度完全无关:在液面高度一样的情况下,不管是轻的酒精还是重的水银,两者从孔中流出来的速度都是相同的(图55)。通过这个公式,我们还可以计算出:由于月球上的重力只有地球的$\frac{1}{6}$,所以在月球上装满一杯水所需要的时间就是地球上的2.5($\sqrt{6} \approx 2.5$)倍。

图55 哪种液体流得快:是酒精还是水银?

再回过头来看我们的题目:如果水桶里的水已经流出了20杯,从龙头的孔算起的话,水桶里面的水面高度就只是以前的$\frac{1}{4}$了,那么倒满第二十一杯

水的时间将比倒满第一杯时要慢一半。如果水位只是原来 $\frac{1}{9}$ 的话，那么装满下一杯水所花费的时间就是第一杯的3倍了。

"水槽问题"的真相

关于水槽的题目，大家都非常熟悉，几乎每一本算术或者代数习题集都会把这个类型的题目收录进去。对于这样一类经典但非常枯燥的习题，读者们或许还有些印象：

一个水槽里有两根水管（如图56）。用第一根管子把水槽装满，所需要的时间是5个小时，用第二根管子把水槽的水放空需要的时间是10个小时。如果同时打开两根管子，要想把空水槽装满水，需要多少小时？

这个题目可以追溯到亚历山大时期的希罗时代，距今至少已经有20个世纪了。下面就是希罗提出的一个类似题目，与后世的问题相比，他的问题要简单多了：

一个大水池里有4个喷泉：要想把水池灌满，第一个喷泉需要一昼夜的时间；第二个喷泉需要两天两夜的时间；第三个喷泉的能力只是第一个喷泉的 $\frac{1}{3}$；最后一个喷泉更慢，它需要4个星期才能把水池灌满。那么，请告诉我：如果4个喷泉同时工作，需要多长的时间可以把水池装满？

2000年来，人们一直都在解答关于水槽的同类问题。可2000年来，人们的解答思路都是错误的。可见墨守成规的力量有多大！上一节所讲的关于水流问题的内容如果你弄明白了，就知道人们为

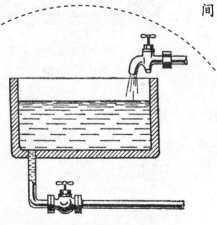

图56 "水槽问题"图示。

什么会解答错了。

人们一般是怎么解答水槽问题的呢？对第一个问题，解答方法一般是这样的：

第一根管子在1个小时的时间内能把水槽灌满$\frac{1}{5}$。同时，水被第二根管子抽走$\frac{1}{10}$。也就是说，如果两根管子同时打开，每小时灌进水槽的水就是$\frac{1}{5} - \frac{1}{10} = \frac{1}{10}$。所以，10个小时就能把水槽灌满。其实，这种推理是错误的。如果进水时因为水流是均匀的，所以进水时受到的压力相同，那么在出水的时候，因为水面在不断升高，压力发生变化，所以水流就不再是均匀流出的了。因此，我们根本不能下结论说，第二根水管需要10个小时抽完水，那每小时就有$\frac{1}{10}$水槽的水流出。由此可见，运用中学学到的数学知识来解答这个问题是不对的。由于涉及水往外流时速度发生了变化的问题，初等数学是解答不了这个问题的，所以算术习题集里根本就不应该收录这类习题。

神奇的容器

那么我们能否制造这样一个容器：即使水在往外流，容器里的水位

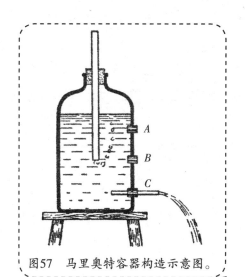

图57 马里奥特容器构造示意图。

在不断降低，水流速度也不会变慢，依然保持均匀。通过上面几个章节的分析，大家可能会说，这样的容器是根本无法制造出来的。

实际上，有一种容器完全可以满足上面的要求。图57画的就是

这种神奇的容器。这是一个造型很普通的窄颈瓶，从它的塞子穿过一根玻璃管。打开玻璃管下方的龙头C，瓶中的液体就会均速往外流，直到瓶里的液面高度降到与玻璃管下端一致为止。如果把玻璃管放在和水龙头差不多高的位置，虽然水流会很细，但容器内的全部液体都可以均速流出。

这是什么原理呢？我们来分析一下：把龙头C打开之后，容器里发生了什么变化。首先，水会通过龙头流出来，而容器里面的液面高度会下降，会降到玻璃管的下端。水继续往外流，水面也随之继续下降，外面的空气会通过玻璃管进入容器内部。空气在水里产生了气泡，并在容器中的水面汇聚。这时，B处水平面的压力就等于大气压力。换句话说，因为容器内外的大气压力相互抵消了，所以只有在BC那一层水的压力作用下，水才会从龙头C流出。这样一来，因为BC层的水位高度是不会改变的，所以水从龙头C流出来的速度也是不变的。

那么，再追问大家一个问题：如果装在玻璃管下端水平位置的塞子B被拿走的话，水能流多快？

答案是水根本不会向外流（当然，水不会外流的前提是这个孔非常小，小到根本不用去计算它的直径。否则的话，在和孔直径一样厚的那一薄层水的压力作用下，水也是会往外流的）。因为这个位置所受到的内外部压力与大气压力是一样的，所以并不存在什么能迫使水往外流的力量。

如果高于玻璃管下端的塞子A被拿走，情况又会不同。水不但不会往容器外流，外面的空气还会趁机进入到容器内部。这是为什么呢？原因很简单，外面的空气压力要比容器内的空气压力大。这种具有特殊性质的容器是物理学家马里奥特设计出来的，所以这种容器也被称为"马里奥特容器"。

空气的压力有多大

在17世纪中期，在雷根斯堡的居民看到这样一件奇怪的事情：16匹马向两个相反的方向同时拉两个紧紧合在一起的铜制半球，其中8匹马往一边拉，另外8匹马往相反的方向拉。这些马都用尽了全力，也没能把这两个半球拉开。是什么东西把它们粘得这么紧呢？"没什么，只是空气而已。"市长通过这个引人注目的实验，让大家亲眼见证了空气是有重量的，而不是"没什么"。空气对地面上所有的物体都施加了很大的压力。

这位科学家市长是在1654年5月8日进行这个实验的，那是一个极其隆重的场面。尽管当时时局不稳、政治混乱，而且还在打仗，但市长的科学探索还是吸引了众人的目光。

这个实验在物理学教科书中都有叙述，它就是著名的"马德堡半球实验"。不过我相信，读者们一定也很乐意从"德国的伽利略"盖里克口中来了解这个故事。记录这位科学家市长实验的书籍是用拉丁文写的，而且篇幅很长，1672年在阿姆斯特丹出版。在那个时代，书籍的名字都很长，这本书也不例外，也有一个很长的标题，叫

《奥托·冯·盖里克——在没有空气的环境下进行所谓"马德堡半球实验"。威尔茨堡大学的数学教授卡斯帕尔·肖特最早对这个实验进行了描述。本书出版的内容更详尽，而且还列举了各种实验的新版本》

我们感兴趣的这个实验就在这本书的第23章。下面就是关于这个实验的描述：

通过实验表明，空气压力能把两个半球压得非常牢固，甚至16匹马都无法把它们拉开。

我也定制了两个铜制半球，这两个半球的直径为$\frac{3}{4}$个马德堡半球（1个马德堡半球＝550毫米）。不过因为工匠们的活儿没那么细，一般都不会做到要求的那么准确，所以半球实际上没那么大，他们做出来的两个半球直径只有马德堡半球的67%。好在这两个半球能够完全吻合。我把活塞装在了其中一个半球上，利用这个活塞可以把球里面的空气全部抽掉，还能够防止外面空气进入。此外，我把4个环安装在了这两个半球的外面，这样可以把绳子系在环上，再把绳子绑在马鞍上。我让人制作了一个皮圈，并把皮圈浸泡在松节油和蜡的混合物里，泡透后拿出来，夹在两个半球中间。这样两个半球就被封得非常严密，空气根本无法进入。我把抽气管子装在活栓上，把球里的空气完全抽出来。这样一来，我们就可以发现：两个半球是在一个非常大的力量的作用下，被皮圈紧紧地粘在了一起。它们被外面的空气压得如此之紧，以至于16匹马使尽全力都没有把它们拉开，或者说要费更大的力气才能拉开。最后，马匹们使尽全力，终于把两个半球拉开的时候，出现了一声巨响，就像放炮一样。

如果把活栓转动一下，让空气流到球里面去，我们用手就能轻易拉开这两个半球。

通过一个简单的计算，我们可以知道：要把一个空球的两部分拉开，为什么需要每边各8匹马这么大的力量？每平方厘米上的空气压力大约是1000克，直径为0.67个马德堡半球大小也就是37厘米的 圆的面积 是1060平方厘米。这就意味着，有超过1000千克（也就是1吨）的大气压力作用在每个半球上。那么，每8匹马都要使出1吨的力量才能把外部空气的压力克服，从而把球拉开。

1吨的力量对8匹马来说，好像并不是一个无法接受的重量。可大家不要忘记，马平时在拉1吨货物的时候，克服的只有车轮与车轴、道路之间的摩擦力，而不是1吨的重量。这时，摩擦力比货物重量要小得多。比如，在公路上，摩擦力不过只是货物重

这里之所以不用半球的表面积，而是用圆的面积，是因为只有当大气压力垂直作用于物体表面的时候，上述数据才会成立。作用于斜面上的压力比较小。我们这里用的是大圆的面积，就是一个完整的球的表面投射在平面上的正射影。

量的5%而已。也就是说，拉1吨货物需要克服的摩擦力只有50千克。8匹马使出1吨的拉力相当于拉着一辆重20吨的货车。（而且还有一点我们没有谈到：8匹马的力量合在一起的时候，拉力还会损失一半。）这就是说，马德堡市长所用的马需要克服20吨的空气压力！20吨的力量就相当于在拉一台小火车头，而且小火车头还不在铁轨上。

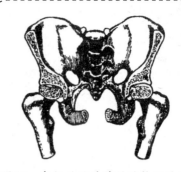

图58　我们的髋关节的结构同马德堡半球一样，上面的骨骼之所以不会脱开，是受到了压力的作用。

通过具体测量，我们可以得出：在拉货车的时候，一匹健壮的驮马能用的力量不会超过80千克。由此可知，在拉力平衡的情况下，为了把马德堡半球拉开，每边需要1000÷80=13匹马。

如果我告诉你，人类骨骼的某些关节之所以不会脱落，也是因为空气压力，就像马德堡半球很难分开一样，你一定会觉得非常惊奇。其实，我们的髋关节就相当于马德堡半球，即使把连在这个关节上的肌肉和软骨都去掉，我们的大腿也不会掉下来。如图58所示，关节之间的缝隙里并没有空气存在，是大气把它们紧紧压在了一起。

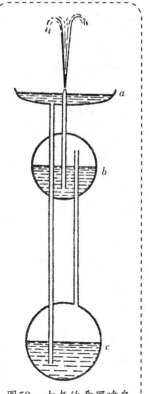

图59　古老的希罗喷泉示意图。

新式希罗喷泉

很多读者对古代力学家希罗设计的喷泉应当都不陌生。在谈论这种有趣装置的

新形式之前，我们先来看一下它的构造。如图59所示，希罗喷泉由3个容器构成：上面的容器 a 没有盖子，而下面的两个容器 b、c 则是封闭的球形。这3个容器被3根管子连接在了一起。在容器 a 中注入部分的水，在 b 球装满水，c 球里不装水，任其装满空气，就可以形成喷泉了：水会沿着管子从容器 a 流到容器 c，c 球中的空气就会排到 b 球中去。而 b 球里的水在空气的压力作用下，则会沿着管子往上流。于是，喷泉就在容器口形成了。如果 b 球里的水全部流完了，喷泉也就停止了。

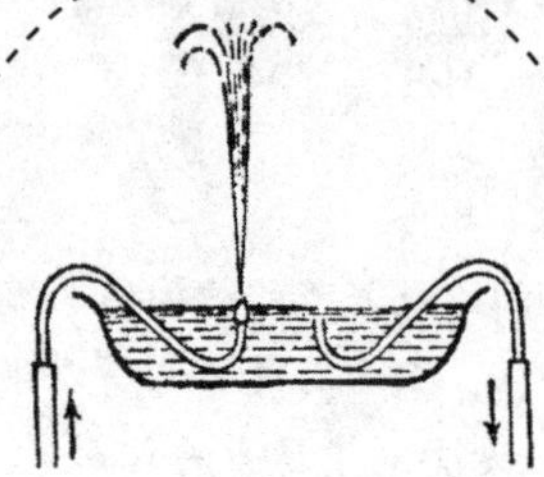

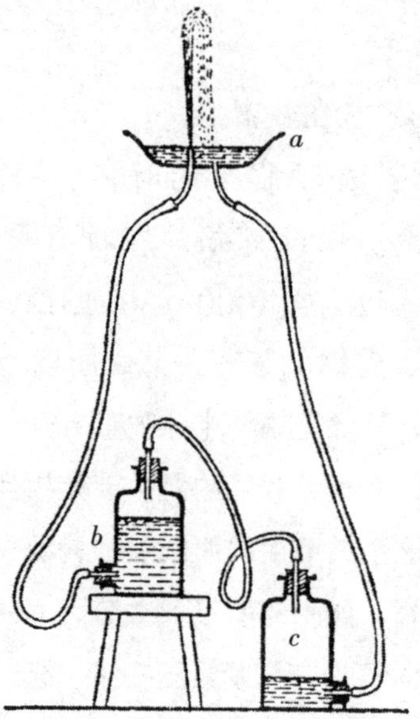

古老的希罗喷泉就是这样设计的。到了后来，有一位意大利中学教师对希罗喷泉进行了改造。由于当时的物理实验室缺乏必要的设备，这位老师只能运用自己的聪明才智和非凡的创造力把希罗喷泉进行简化。最后，他想到了一个新式喷泉的设计方法，只需要使用简单的设备就能实现。如图60所示，

图60　新式希罗喷泉示意图。

他用药瓶代替上面的球形容器，用橡皮管代替玻璃管或者金属管。而且上面的那个容器也可以不用穿孔，只要把橡皮管的一端放到里面就可以，就像图60演示的那样。

经过简单的改造后，仪器变得更加适用了。如果 b 瓶的水流经 a 碟，在全部流进了 c 瓶之后，只需要互换一下 b 和 c 两个瓶的位置，喷泉就会再次形成了。有一点不能忘记，要把喷嘴也同时移到另一条管子上去。

喷泉经过改造之后，还有另外一个便利之处，它可以通过随意改变容器的位置，来研究各个容器在位置不同时，对喷泉喷射高度变化的影响。

如果需要增大喷泉的喷射高度，只需要用水银（汞）来代替这个装置下面的两个瓶里的水，用水来代替空气（ 图61 ）。替换后的工作原理也很简单：水银从 c 瓶流进 b 瓶的时候，会把 b 瓶里的水排出去，喷泉也就形成了。我们知道，水银的重量是水的13.5倍，这样的话就可以算出喷泉在这时候的高度。我们分别用 h_1、h_2、h_3 来表示这几个液面之间的高度差。现在，我们就来分析一下，c 瓶里的水银受到了哪些力的作用，才流进了 b 瓶。

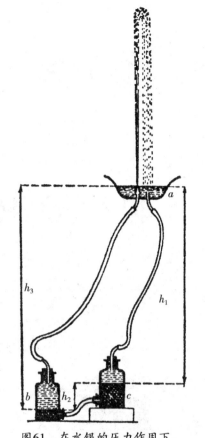

图61 在水银的压力作用下，喷泉的喷射高度将大大提高。

首先，b、c 两瓶的连接管里的水银受到了来自两端的压力。这一段水银受到的来自后面的作用力的大小等于高度为 h_2 的汞柱的压力（h_2 汞柱的压力等于 $13.5h_2$ 个水柱的压力）与 h_1 这么高的水柱的压力之和。水银受到的来自左边的作用力的大小为 h_3 水柱的压力。综合计算，可以得出：水银受到的压力大小是（$13.5h_2 + h_1 - h_3$）个水柱压力。

由于 $h_3 - h_1 = h_2$，所以（$13.5h_2 + h_1 - h_3$）可以转换为：$12.5h_2$。

由此可知，是一根高为 $12.5h_2$ 的水柱重量把水银压到了 b 瓶里。从理论上来讲，喷泉的最高点应该是 b、c 两个瓶里水银面高度差的12.5倍。可是因为有摩擦力的存在，喷泉的高度会稍微有所下降。

即使会有所下降，利用这个装置，我们还是能够得到喷射得比较高的喷泉。比如，如果我们把一个瓶移到比另一个瓶高大约1米的地方，喷泉的喷射高度就可以达到10米了。通过上面的计算，我们还可以发现一个有趣的现象，那就是喷泉的高度与碟 a 距离水银瓶的高度没有任何关系。

骗人的酒杯

在17世纪～18世纪，贵族们很喜欢用 如 图62 所示的器具开玩笑：请一位地位较低的客人喝酒。贵族将酒装在一个特殊设计的酒杯里的，这种酒杯的上部刻有较宽的花纹图样的切口。贵族们尽情地拿客人们开玩笑，因为使用这种酒杯，把酒杯按正常方式侧过来的话，是喝不到酒的，酒会顺着众多的切口流出去，一滴也流不到嘴里。童话中也有过类似情况的描述：

我曾经也在那里，

喝着用蜂蜜酿的酒，

可酒却顺着胡子往下流，

一滴都没有流到口中。

那怎样才能让杯里的酒进到嘴里呢？如果这个人知道这种构造的奥秘的话，就知道怎么做了（图62下图），只要用手把B孔按住，然后用嘴含住壶嘴，就能把酒吸进嘴里，根本不需要把酒杯倒过来，因为酒会沿着壶柄里的沟及

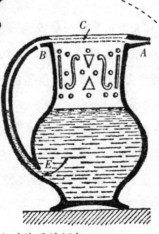

图62　贵族们戏弄客人时使用的酒杯
及构造示意图。

其延长部分C在经过E孔后流到壶嘴里去。

我们的陶匠最近也制作了类似的酒杯。很碰巧，我曾看到这种类似酒杯的样本。工匠们把酒杯的构造巧妙地掩藏了起来。在壶上写着这样一句话：

尽情地喝吧，可别只是装装样子而已。

面对这个问题，你可能会说："当然不会有一点儿重量了，因为底朝天的水杯根本就装不住水，水都流掉了。"

那我就来追问一下："如果水没有流掉，这些水有多重？"

实际上，在 图63 所画的情况下，我们就可以测量出水有多重。把一个底朝天的玻璃杯绑在天平的一侧底盘上，浸在另一个有水的容器里。把一个同样的空玻璃杯放在天平的另一边的托盘上。

在这种情况下，天平的哪边比较重？

答案是倒绑着玻璃杯的天平盘更重一些。因为整个大气压力还作用在这个玻璃杯上面，而这个玻璃杯下所受的力是大气压力减去杯中所盛水的重量。如果想要维持天平的平衡，就要把另一个盘上的杯子

如何称重倒放的杯子里的水

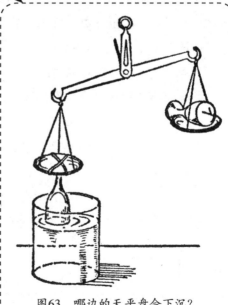

图63 哪边的天平盘会下沉？

里也装满水。

这样的话，倒绑着的杯子里的水的重量就可以计算出来了，就等于另外一个天平盘里的杯子里水的重量。

两艘平行行驶的轮船为什么会相撞

1912年秋天，"奥林匹克"号远洋海轮发生了这样一起事故："奥林匹克"号正在大洋上航行，在距离它只有几百米的地方，一艘叫"豪克"号的轮船也在高速前进。"奥林匹克"号是当时世界上最大的轮船之一，而"豪克"号要比它小得多。当两艘船行驶至图64所示的位置时，意外发生了：好像有一股看不见的力量牵引着"小船"——"豪克"号，它竟然掉转了船头，舵手都无法操纵它了。就这样，它几乎笔直地开向大船。最终，两艘船不可避免地撞在了一起。这次撞击十分剧烈，"豪克"号的船头把"奥林匹克"号的船舷撞出了一个大洞。

当海事法庭审理这个案件时，法院判决大船"奥林匹克"号的船长为过失方，因为当"豪克"号冲过来时，他没有下达任何命令避让。法院的判决书就是这样说的。

对这起事件，法庭认为是由于船长调度失控才引起的。实际情况却并非如此，有一个完全无法预料的情况在事故中起了决定性作用：在大海上，轮船之间会相互吸引。

类似的事故以前也曾经发生过。但因为当时的船只并没有那么大，所以这种相互吸引的现象并不明显。随着海洋里"漂浮的城市"逐

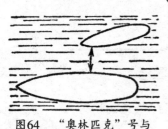

图64 "奥林匹克"号与"豪克"号相撞前的位置。

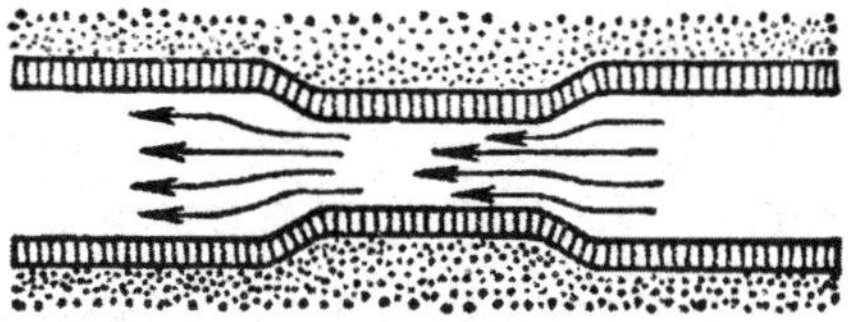

渐增多，船只之间相互吸引的现象也逐渐明显。舰队司令员也会在海军操练时注意到这种情况。

图65 航道的较窄部分的水流比较宽部分的水流快。而且水流在航道侧壁的压力，在较宽部分时要比在较窄部分时小一些。

有很多类似的事故就是小船航行在大轮船或者军舰旁边的时候发生的。

船只之间的吸引该如何解释呢？很显然，前文中介绍的引力的相关知识在这里并不适用。导致这个问题产生的完全是另一种原因。解释这个原因，需要用到液体在管道或航道里的流动原理，就是所谓的伯努利原理。具体来说就是：如果液体沿着一条宽窄不均的航道流动，那么行至航道较窄的部分时，水流会比较快，行至较宽部分时，水流会缓慢一些。而且水流对航道侧壁的压力在较窄部分时要比在较宽部分时小一些（图65）。

这个原理也同样适用于气体。不过在气体学说中，这种现象被称为"气体静力学怪事"。这种奇特的现象据说是在这样的情况下被发现的：

当时，在法国的一个矿山里，一位工人按照要求用护板把一个孔给盖了起来。这个孔和外面坑道是相通的。这位工人一直在和冲入矿井的空气作斗争，努力了很久也没能完成这个任务。突然间，砰的一声，护板竟然自己就关上了。这个力量是如此之大，以至于如果不是护板足够大的话，护板和工人都可能被拉到通风道里去了。

喷雾器的工作原理也可以用气流的这种特性来解释。如图66所示，如果我们往一根末端较细的横管中吹气，那么空气在流经管子较细的部分时就会减小自己的压力。也就是说，管子受到的我们吹进去的空气压力就会比较小。在大气压力的作用

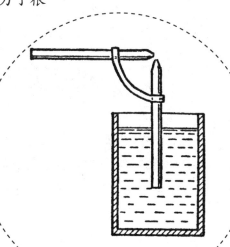

图66 喷雾器的工作原理。

下，管子里面的液体就会沿着直管上升。到了管口的时候，吹进来的气体就会进入到液体中，液体就会变成雾状散到空中。

通过上面的分析，我们明白为什么船只之间会相互吸引了。当两艘船平行航行时，一条水道就在它们的船舷之间形成了。在一般的水道里，是水在动而沟是不动的。在这种情况下，就正好相反了。是水不动而沟壁在动。但各种力之间的相互作用却没有改变：轮船对周围空间所施加的压力依然要大于水在狭窄部分时对沟壁所施加的压力。在这种情况下，会产生什么样后果呢？在外侧的水的压力下，两艘船只会相向而行。显然，重量较小的那艘船会移动得更厉害，而较大的那艘船则几乎不会发生移动。这就是大船快速驶过小船旁边时，会出现特别大的引力的原因。

所以，是流水的吸引作用引起了船只之间的引力（图67）。我们还可以用这个原因来解释下面这些问题：

为什么激流对洗澡的人来说非常危险？

为什么漩涡会有那么强的吸引作用？

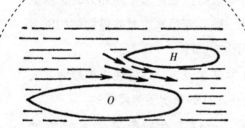

图67 两艘行驶中的船只之间的水流。流水的吸引作用引起了船只之间的引力。

我们可以计算出，当河里的水流每秒钟前进1米时，人的身体就会受到30千克力量的吸引。当人受到这样大的力量吸引时，是很难站稳的。特别是在水里的时候，保持自身的平衡就更加困难了，因为这时候，我们身体本身的重量帮不了我们什么忙。伯努利原理还可以用来解释飞驰火车的引力作用：当火车能够以50千米／小时的速度行驶时，站在火车旁边的人会受到大约8千克的拉力。

伯努利原理的影响

1726年，荷兰物理学家丹尼尔·伯努利首先提出了这样一个原理：当水流或者气流的速度小时，其对外的压力就大；当速度大时，对外压力就小。图68就是这个原理的图形解说。当然，在现在来看，这个理论要成立存在很多局限，在此我们就不一一赘述了。

在图68中，空气顺着AB管进入。气流在管的截面比较小的地方（a处），速度就会比较大；而在管的截面比较大的地方（b处），速度就会比较小。在速度大的地方，压力就小；而在速度小的地方，压力就大。由于空气压力在a口处时比较小，所以在C管中的液面高度就会上升。与此同时，D管中的液体在b处强大的空气压力下，液面高度就会下降。

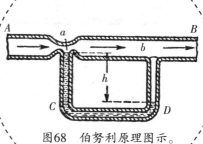

图68 伯努利原理图示。

在图69中，我们将T管牢牢固定在铜制圆盘DD上，而圆盘dd跟T管并不相连。空气会顺着T管进入圆盘DD和圆盘dd的夹层中。随后，它会通过圆盘

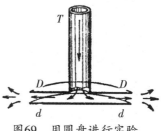

图69 用圆盘进行实验。

dd。虽然这两个圆盘之间的气流速度会很大，但气流在接近圆盘边缘时，速度会迅速减小，因为气流在流出两个圆盘空隙之间后，它获得的空间会迅速增大，空气的压力也就会逐渐减小了。而位于圆盘周围的空气压力是很大的，就是因为这里的气流速度很小。如果位于圆盘之间的空气压力很小，气流速度也会很大。所以当圆盘周围的空气作用在圆盘上的压力较大时，就好像有一个推力在努力想推开这两个圆盘。如果从T管流出的气流很强，圆盘DD吸引圆盘dd的力量就会很大。另外，如果我们用线轴或者圆纸片来做这个实验，实验会更加简单。为了使两个圆纸片能固定住，不会滑到一边去，可以使用一个大头针，穿过线轴的槽，把纸片钉住。

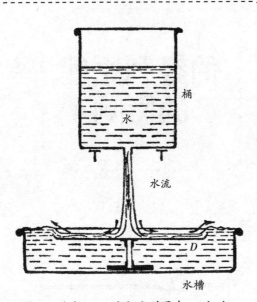

图70 水桶TT里的水流到圆盘DD上时，轴P上的圆盘会升起来。

图70 与图69演示的实验很相似，只不过图70里有水。假如圆盘DD的边缘是向上弯曲的，那么在盘中快速流动的水就会从较低的地方一直上升到跟上面水槽里的静止水面一样高。这样的话，与圆盘里的水相比，下面的静水会受到更大的压力。在压力作用下，圆盘就会上升。而P轴的作用是保证圆盘不向两边移动。

图71 中演示的是一个小球飘浮在气流中。由于受到气流的不断冲击，小

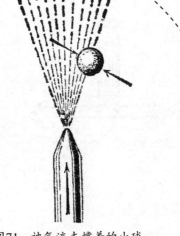

图71 被气流支撑着的小球。

球就不会落下来。一旦小球离开了气流，它又会被周围的空气推回去，这也是因为周围空气的速度小但压力大造成的，而气流中的空气的速度会大一些，压力却要小很多。

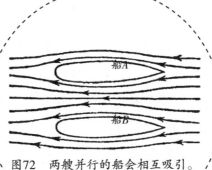

图72　两艘并行的船会相互吸引。

图72所画的是两艘船。这两艘船并行在静止的或流动的水中。因为这两艘船之间的水面比较窄，所以这里的水流速度比在两船外侧的水流速度要大，而受到的压力比两船外侧要小。在这种情况下，这两艘船在船周围压力较高的水的力量作用下，会挤到一起去。海员们都知道，两艘并排行驶的船，会发生互相吸引的现象。

如果两艘船不是并行，而是其中一艘行驶在另一艘的前面，那情况就会更加严重（图73）。本来迫使两艘船相互靠近的两个力会造成船身转向，在一个很大的力的作用下，船B会转向船A。在这种情况下，舵手根本来不及改变船的航向，所以两船相撞基本是无法避免的。

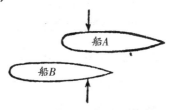

图73　两艘船一前一后前进的时候，船B会转向船A驶去。

针对图72中的情况，还可以用另外一个实验来说明：在两个很轻的橡皮球之间吹气（图74），你会发现这两个球会相互靠近或撞击。

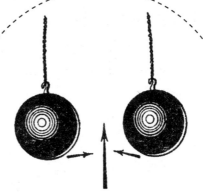

图74　向两个气球之间吹气时，它们会彼此接近、碰撞。

鱼鳔有什么作用

对于鱼鳔有什么作用，有一种常见的观点，听起来非常可信：如果鱼想要从深水中浮到较浅的地方，就会把鳔鼓起来。于是它的身体体积增大，排开的水的重量比它本身的重量就要大。根据浮力原理，鱼就能从深水中浮到上面了。反之，如果它想往下沉或者停止上浮，它就把自己的鳔缩起来，这样它身体的体积就小了，所排开的水的重量相应就会减少，鱼就可以往下沉了。

17世纪，佛罗伦萨科学院的科学家们首次提出了上面这种说法，不过他们只是对鱼鳔的作用进行了简单的解释。1685年，波雷利教授正式提出了上面的观点。在随后的长达200年的时间里，没有任何人质疑这个观点。不仅如此，教科书也一直采用这种说法，并代代相传，直到莫罗·沙尔波奈尔提出了新的研究成果，这一理论才被推翻。

鱼鳔跟鱼的沉浮有着至关重要的联系，这是毫无疑问的。鱼只有努力摆动鱼鳍才能浮在水里。假如鱼失去了鳔，无法摆动鱼鳍，鱼就会沉到水底。既然如此，鱼鳔的真正作用是什么呢？其实，鱼鳔的作用非常有限，它只是帮助鱼停留在水里的某个深度——鱼排开的水的重量与它自身重量相等的地方。当鱼摆动鱼鳍下沉到比这个位置更低的地方时，在来自另一个方向的水的压力作用下，鱼的身体开始缩小。同时，鱼鳔也受到了这个压力。这时候，鱼排开的水的体积就减小了，那被排开的水的重量自然也小于鱼自身的重量，于是鱼就会往下沉。而鱼往下沉得越深，水的压力就会越强（鱼每下沉10米，水的压力就会增加1个大气压），鱼的身体被压缩得越小，在水的压力作用下，鱼就越往下沉。

当鱼使用鱼鳍的力量，离开那个可以保持平衡的水层，升高一些的时候，情况也一样，只不过是朝着相反的方向上升而已。鱼的身体摆脱了一部分外来压力之后，鱼鳔就会把鱼的身体撑大。鱼的体积变大，它就可以向上游动了。而鱼越往上浮，体积就会越大，继续往上升。因为鱼鳔壁上的肌肉纤维根本不能主动改变自身的体积大小，所以"压缩"鱼鳔的方法也无法阻止这一趋势。

图75　关于鱼的实验。

我们可以用实验证明，如 图75 所示，鱼的身体完全可以在外力作用下变大。先把一条鱼麻醉，然后把鱼放进一个已有部分水的密封容器中，要求这个容器里某个深度的压力接近天然水池的压力。这时候，已经麻醉的鱼会肚皮朝上，静静地躺在水面。如果把它放到深一点儿的水里，它还会重新浮上来。如果把它放在接近容器底部的地方，它就会沉到水底去。但是当鱼待在位于两个水层之间的某个水层时，鱼可以保持静止的状态，既不会向上浮，也不会向下沉。结合刚才所讲的内容，我们就可以很容易地理解这个现象了。

所以，与现在流行的说法完全相反，鱼鳔并不是由鱼自身控制的，它并不可以随心所欲地胀大或者压缩。根据波马定律，是外部压力的作用导致了鱼鳔体积的变化，它的大小随着外部压力的增加或者减小而改变。这种体积的改变对鱼可没有什么好处，甚至是有害的，因为鱼会因为体积的改变而越来越快地沉到水底，或者越来越快地浮到水面上。也就是说，鱼鳔可以帮助鱼维持一个静止不动的平衡状态，但这个状态却并不稳定。这才是鱼鳔对鱼的沉浮所起的真正作用。

通过观察钓鱼时的情景，我们可以证实上面所说的内容。当鱼从深水中被钓起的时候，鱼可能会中途挣脱。这时候，鱼会重新落入水中，不过它不是像我们想象的那样重新沉到深水中去，而是在落水后又快速地浮到水面上来。有时候，人们甚至能看到鱼的鱼鳔已经凸起到嘴里了。

"波浪"与"旋风"产生的原因

日常生活中有许多物理现象都不能用物理学上的简单原理解释。比如，有风的时候，海洋会出现波浪。对于这种现象，中学物理课程也无法给出详细的解释。另外，还有很多同类现象，比如，轮船在航行中，在船头部分的平静水面上会出现向外散开的波浪，这是怎么回事呢？为什么旗子能够在风中飘扬？海边的细沙为什么像一排排波浪？工厂烟囱里冒出来的烟为什么会是一团一团的？

要想弄清楚这些问题，还有和其他类似的物理学现象，必须弄明白气体和液体的涡流特点。但是，在中学物理教科书中，基本上不会讲到这个物理原理。在这里，我们就简略地给读者们讲一讲涡流现象以及涡流的主要特征。

首先，想象一下，管子里有液体在流动。假如液体里的所有微粒都是沿着管子按照平行线的方向流动的，那么我们看到的就是液体的一种最简单的运动形式——平静地流动。物理学家将这种现象称为片流（图76）。但液体的这种流动形式并不是最常见的。相反，当液体在管子中流动时，绝大部分情况下都是不平静的，更为常见的运动形式是涡流运动，就是从管壁流向管轴，这种形式叫作湍流运动（图77）。自来水管中的水就是这样流动的（如果水管很细的话，水就是片流的。这种现象除外）。总结一下，就是说液体在一定粗细的管子里流动时，只要流动速度达到某个特定的大小，也就是临界速度，液体就会发生涡流现象。

如果液体是透明的，当它流过玻璃管时，为了更清楚地看到液体从管壁流向管轴的涡流

图76　片流：液体在管子中平静地流着。

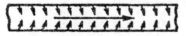

图77　湍流运动：流体在管子中涡流。

现象，我们可以在液体里放一些非常细小的粉末，比如石松子粉，这样我们用肉眼就能观察到管子里液体的涡流现象了。

冷藏器和冷却器的制造原理，都充分利用了涡流的这些特点。呈涡流状的液体在管壁冷却的管子里运动时，它的所有分子都会接触到冷却的管壁，而且液体进行涡流运动时速度会比不运动时快。有一点应该记住：液体本身并不是非常好的热导体。如果不对液体进行搅拌，它们本身想要冷却或是增温都会很慢。比如，血液在血管里流动时，进行的就不是片流而是涡流，所以血液在流经各个组织时能够非常快地进行热量和物质交换。

露天的沟渠和河床里水的运动形式也是涡流前进的，和前面所讲的液体在管子中的流动现象类似。如果精准测量河里的水流，测量仪器上就会出现脉动现象，特别是在接近河底的地方，脉动现象更明显：脉动现象说明水流在不断地改变运动方向，也就是在做涡流运动。河水在沿着河床前进的同时，还从河岸不断流向河中央。所以，有人认为在河流深处，河水的温度一年四季都是4℃，这种观点是错误的。由于涡流现象，水温在靠近河底的地方总是被不停搅拌，所以河底的水温和河面应当是一样的（有一点要注意，湖水的情况和流动的河水是不一样的）。另外，河底的涡流还会带动河沙。这样的话，河底就出现了"沙波"。在波浪冲到海边沙滩上时，就可以看到这样的沙波（图78）。同理，如果河底附近的水流是非常平稳的，那么那里的沙面就应当是平滑的。

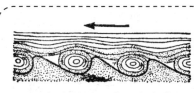

图78　水的涡流作用使海岸上形成了沙波。

如果物体被水淹没过，物体的表面就会形成涡旋状。例如，把一条绳的一头系住，另一头可以自由活动，把这条绳索顺水放置的话，它就会呈现蛇形，这就可以说明上面现象了。可这是为什么呢？因为涡流在绳子的某一部分

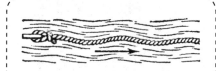

图79　绳子在水流里进行波状运动，是由涡流引起的。

出现时，就会把绳子带过去，在下一个时间点，又会有另一个涡流，带着这段绳子进行相反方向的运动。这样的话，绳子最终就形成了蛇形运动（图79）。

说完了水和液体，下面该说说空气和气体了。大家肯定都见过，地上的尘土

或者稻草被旋风卷起来的情况？这就是涡流现象在地面上出现的情况。当空气沿着水面运行时，空气的压力在旋风形成的地方会减小。这时候，水就会上升，波浪就出现了。沙漠和沙丘的斜坡上有很多波浪形的沙波，也是这个原因（图80）。

现在，我们就明白旗帜为什么会迎风飘扬了（图81）：旗帜遇到的情况和绳索在流水中遇到的情况类似。影片中旗子在风中一直随着涡流飘动，根本无法保持固定方向。同样的，工厂烟囱里冒出的烟都是一团一团的（图82）。通过烟囱的时候，炉子里的气流也是在做涡流运动。

空气的涡流运动对航空而言有着巨大的意义。飞机的机翼下部特地设计了一个特殊的形状，用以填充空气的稀薄部分，由此来增强机翼上方的涡流运动。也就是说，飞机在机翼下方得到了一个支撑，在上方又受到了一个吸附作用（图83）。当鸟儿在展开翅膀飞翔的时候，我们也可以观察到同样的现象。

图80 沙漠、沙丘斜坡上的波状沙面。

图81 迎风飘扬的旗子。

图82 工厂烟囱里冒出的烟都是一团一团的。

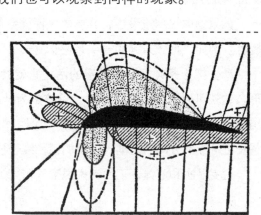

图83 是什么力量支撑着机翼使飞机起飞的？实验证明，机翼表面来自空气的高压区（+）和低压区（－）是这样分布的。由于支撑力和吸引力的共同作用，飞机就升起来了。（图中实线表示压力，虚线表示飞机提速时的云压分布情况。）

风吹过屋顶时会发生什么样的现象呢？由于空气的涡流作用，屋顶上就会形成一个空气稀薄的区域。为了使这个压力得到平衡，屋顶下面的空气就会向上压，屋顶就有可能被掀起来。人们经常会看到那些不牢固的屋顶被风刮走，就是这个原因引起的。同样的，有时候，风也会把大玻璃窗从里向外压碎，而不是从外向内。这些现象的确可以用运动着的空气压力减小的原理来解释。

如果两种气体的温度和湿度都不相同，当它们相互挨着流过时，每个气流里都会发生涡流。云彩有那么多的形状也是因为涡流。由此可见，自然界中有很多现象都跟涡流有关。

到地心去旅行

虽然我们的地球半径大约是6400千米，可还从来没有一个人到过3.3千米以下的地方，尽管那里离地心还有很长一段距离。不过想象力丰富的小说家凡尔纳却把自己小说里的两位主人公——《地心游记》中的怪教授黎登布洛克还有他的侄儿阿克塞都送到了地心深处。他在小说里描写了这两位地下游客神奇的冒险经历。在地下，他们遇到了很多意外事件，其中一件就是空气密度在增大。

随着高度不断上升，空气迅速变得稀薄，空气密度随之减小：当上升高度按照算术级数增加时，空气密度则按照几何级数减小。与此相反，在下降的时候，到了低于海平面的地下，在上层气体的压力下，空气变得越来越密实，密度越来越大。

以下是叔侄二人到达地下48千米处时的一段对话：

“现在，你看看气压计上显示的数字是多少？”叔叔问道。

“我看到了，压力很大。”

“现在，你也感觉到了，如果我们一直慢慢地往下降，空气也会

逐渐变得稠密。我们会慢慢习惯的，而且一点儿都不会觉得难受。"

"如果不算耳朵疼的话。"

"这根本不值一提！"

"嗯，你说的对，"我并不想跟叔叔发生争论，"就这么待在浓密的空气里，还是很舒服的。你听到空气中巨大的声响了吗？"

"当然听到了。在这样的大气中，就是聋子都能听得见。"

"不过这还不算完，空气还会变得更加稠密。它会达到水的密度吗？"

"当然可以，只要达到770个大气压，就可以了。"

"再往下呢？"

"空气密度还会增加。"

"到时候，我们该怎么继续往下走呢？"

"往口袋里装些石头就行了。"

"嘿！叔叔，你真有办法！"

我可不想再继续往下猜了。我怕自己会弄出什么事情，妨碍我们的旅行，惹叔叔生气，这可就糟了。但是很显然，当大气压达到几千个的时候，空气都会变成固体。到那时候，即使我们能忍受得住这种压力，也无法继续前进了。这种情况怎么争论，都是无法解决的。

幻想与数学

上文就是凡尔纳所描述的"去地心旅行"的内容。如果我们用实验来检验一下对话所说的现象，你会发现事情并非如此。当然，我们并不需要真的下到地心里去，只需要准备一支铅笔和一张纸，就可以在物理学里做一次小小的旅行。

首先，我们来计算一下，下降到什么深度时，大气压才会增加千分之一。我们知道，一个正常的大气压的大小等于760毫米汞柱的重量。如果我们是在水银里，而不是在空气中，那么需要下降的幅度就是760÷1000=0.76毫米。这样的话，大气压力就可以增加千分之一。但是，我们是在空气中，所以肯定需要下降到更深的地方，这个下降深度应该是水银密度与空气密度的倍数之比，即10500倍。因此，要想使大气压力增大千分之一，我们就需要下降0.76×10500，差不多是8米，而不是0.76毫米。我们再往下8米，大气压力就会继续增大千分之一。而且每往下一个8米，下一层的空气肯定要比上一层更密，大气压力增加的绝对值肯定也比上一层要大。所以，不管我们身在何地，是在数米的高空，还是在珠穆朗玛峰山顶（大约9千米高的地方），又或者是在海平面，要想使大气压比原始的大气压增加千分之一，都要下降8米。这样的话，我们就可以列出一个大气压变化的情况表：

在地面上，正常大气压为760毫米汞柱。

地下8米深处的空气压力=正常大气压的1.001倍。

地下2×8米深处的空气压力=正常大气压的（1.001）^{2}倍。

地下3×8米深处的空气压力=正常大气压的（1.001）^{3}倍。

地下4×8米深处的空气压力=正常大气压的（1.001）^{4}倍。

总而言之，在n×8米深处的空气压力等于正常大气压的（1.001）^{n}倍。根据马里奥特定律，当大气压力并不是特别大的时候，空气密度的增加倍数与大气压力是相同的。

我们可以看到，在小说中，旅行家到达的深度是48千米，所以可以不再考虑人体自身重力的减小和空气质量的减少。

现在，我们就来计算一下，小说中的旅行家们在地下48千米的地方，要经受的空气压力到底是多少。根据上面的公式可以算出此处n=48000÷8，也就是n=6000。由此可以计算得出大气压力为1.001的6000次方。如果这样不停地乘下去，就太费时费力了。这时候，我们可以利用对数来计算。就像

拉普拉斯 所说的，对数可以大大减少我们的劳动量，所以计算者的寿命都可以增长了。

在学校里，有一些讨厌对数表的同学，如果你们读过拉普拉斯对对数的说明，说不定就会改变厌烦的态度。拉普拉斯在他的著作《宇宙体系论》中说道：

因为对数的发明，人们可以把本需要几个月的计算时间减少到几天。使用对数来计算，既可以提高正确率，还能够延长天文学家们的寿命。这是人类科学发展的宝贵财富。

在这里，我们通过使用对数，可以得到下面的算式：

$$6000 \times lg1.001 = 6000 \times 0.00043 = 2.6$$

查表可知，2.6对应的对数是400。也就是说，大气压在48千米深处时是正常气压的400倍。通过实验可以证明，在这样的压力之下，空气密度也会增加315倍。所以，小说中的这两位地下游客竟然只是"耳朵有点儿疼"而已，而没有其他难受的症状，其可信度就实在不高了。不止如此，小说里甚至写了人们还到过地下120千米，甚至325千米这样深的地方。在这样的深处时，大气压力必然是一个非常大的数值，而人所能承受的大气压力是非常有限的，不能超过3个~4个大气压。

我们可以利用这个公式，计算出当大气密度增加770倍，达到水的密度时，要到一个什么样的深度。通过计算，可以得出深度是53千米。但这个计算结果是错误的，因为当气压已经非常大的时候，气体密度与大气压力就不是成正比的关系了。压力只有在不超过几百个大气压的时候，马里奥特定律才适用。下面所列的是通过实验得到的空气密度数据：

压力	密度
200大气压	190
400大气压	315
600大气压	387
1500大气压	513
1800大气压	540
2199大气压	564

由左表可以看出，与气压的增加相比，气体密度的增幅更慢。所以，小说中的科学家凭空想象，认为在到达一定深度之后，空气密度会变得比水还要大是不可能的。因为只有在3000个大气压力的时候，空气才能够达到水的密度。在此之后，空气就基本不会再压缩了。空

气要想变成固体，不仅需要满足压力的条件，还要同时把温度剧烈降低，差不多要达到零下146℃才行。

不过，为了公平起见，这里要替小说家说句话，就是刚才所举的数据是在凡尔纳的小说发表后很久才被人们发现的。所以，我们应该原谅小说家所犯的物理学错误。

我们还可以利用上面的公式来计算一下：要想保证矿井工人的身体健康，他们所能达到的最大深度是多少。我们的身体所能承受的最大空气压力是3个大气压。对于需要计算的矿井深度我们用x来表示，那么可得：

$$1.001^{\frac{x}{8}} = 3$$

利用对数，我们可以得到x是8.9千米。

由此可知，在地下大约9千米的地方，人类都可以生存。假如有一天太平洋突然干涸了，人类基本上可以居住在海底的任何一个地方。

如果不说小说人物，只看现实中的人，谁到过距离地心最近的地方呢？当然是矿工了。我们在前文中已经说过，南美洲有世界上最深的矿井，深度已经达到3000多米。这里，我们说的可不是钻探工具所能达到的

在矿井中工作的感觉

深度，而是人类真真正正到达的地方。法国作家留克·裘尔登博士在参观了巴西的一个深达2300米的矿井之后，曾这样描述自己的历程：

在距离里约热内卢400千米的地方，坐落着著名的莫洛·维尔荷金矿。我乘着火车在山区里行驶了16个小时之后，来到了一个四周都是丛林的深谷中。以前，从来没有人到过这里。现

在，有一家英国公司在这里开采矿物。

这个矿的矿脉倾斜着延伸至地下深处。矿厂沿着倾斜的矿脉建造了6级采掘段。矿井是竖直的，巷道则是水平的。这是人们为了寻找黄金，在地壳里挖掘出最深的矿井。

下井时，工人必须穿上帆布工作服和皮制上衣，一举一动都要格外小心，哪怕只是一块极小的石头，落入矿井的话都有可能将人砸死。一位工长陪着我们下到矿井中去。我们首先进入的是第一个巷道。这里的光线不错，但温度已经低至4℃。冷空气让我们瑟瑟发抖，这里的冷空气可以降低矿井深处的温度。

之后，我们坐在了一个狭窄的金属笼子里。通过了第一个深达700米的竖井之后，顺利进入第二个巷道。我们顺着第二个竖井继续往下走。此时，我们已经低于海平面了，而这里的空气也稍微暖和了一些。

接着，我们下到一个竖井，空气开始变得非常热，都有些烫脸了。我们不停地流着汗，弯曲着身体穿过弓形巷道，走近轰轰作响的钻机附近。许多赤背的工人在飞扬的尘土中不停地忙碌着。他们全身都被汗水浸透了，而且手里还在不停地传递水瓶。那些刚刚开采的矿石温度高达57℃。这时候，可千万不要碰它们。

这种极度可怕又恶劣的工作有什么成果呢？每天可以挖出大约10千克黄金……

这位法国作家在描写矿井底部的自然条件和工人受到的残酷剥削时，只是提到了矿井中的温度很高，对空气压力增加这个现象并没有提及。现在，我们来计算一下，当深度达到2300米时，空气的压力是多少。假定这个深度的温度与地面温度是一样的，根据上面的公式，我们可以很容易地计算出空气密度增加的倍数：

$$1.001^{\frac{2300}{8}} = 1.33 \text{（倍）}$$

实际上空气的温度会升高很多，不会始终保持不变。所以空气密度不会那么明显地增加，会比计算结果稍微小一些。也就是说，与地面空气密度相比，矿井底部空气密度的变化并不大，可能只比夏天和冬天的空气密度差异大一点点。这样，我们就容易理解了，矿井里面气压的变化为什么没有引起这位法国作家的注意。

不过还有个现象不能忽视，就是空气湿度。在这种深井里，空气湿度非常大，在高温条件下，人根本无法待在这样的湿度环境里。在南非的约翰内斯堡矿井（这个矿井深达2553米），当矿井的温度达到50℃的时候，空气湿度就已经达到了100%。

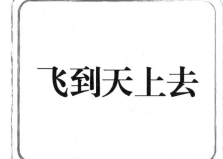

在前面的几个章节，我们跟着凡尔纳进行了地心旅游。并了解了气压和深度的关系，对地心有了更科学的认识。现在，我们来想象往天上飞。我们同样可以利用前文中提到的公式，不过它在这里要变一变形：

$$p = 0.999^{\frac{h}{8}}$$

这里的p指的是大气压，h指的是上升高度（单位为米）；0.999就是代替1.001的角色（因为高度每上升8米，大气的压力都要减少0.001倍，所以比例关系就变成了原来的0.999倍）。

现在，我们就来解决这样一个问题：想要飞到空气压力只有以前一半的地方，需要飞多高？

根据上述要求，大气压力P等于0.5，代入公式，可以得到下面的算式：

$$0.5 = 0.999^{\frac{h}{8}}$$

运用对数，我们可以得出h=5.6千米。也就是说，要让大气压力减少一

半的话，需要上升到5.6千米的高度。

我们跟着探险家飞到更高的地方——19千米、22千米。这两个高度已经位于我们常说的平流层了。

我们来算一下，这两个高度的大气压是多少。

当高度 $h = 19$ 千米时，大气压力的公式是：

$$1.001^{\frac{19000}{8}} = 0.095（大气压）= 72（毫米汞柱）$$

当高度 $h = 22$ 千米时，大气压力的公式是：

$$1.001^{\frac{26000}{8}} = 0.066（大气压）= 50（毫米汞柱）$$

上面是通过公式得出的结果，但根据探险家们的记录，在飞到这样的高度时，大气压的大小是另外的数值：

在19千米处时，大气压力是50毫米汞柱。

在22千米处时，大气压力是45毫米汞柱。

为什么结果会不一样呢？错误出在了哪里？

有些读者应该已经想到了——是温度。马里奥特定律适用的前提是：在压力比较小的情况下。刚才的计算和实际结果不相符，就是因为我们疏忽了温度这个因素。我们把整个20千米厚度的大气温度都看成是一样的，认为温度是保持恒定的了。事实上，实际并非如此，随着高度的不断增大，空气温度会随之逐渐减小。一般情况下，每上升1千米的高度，空气温度平均就会下降6.5℃。以此类推，到达11千米的高空时，温度已经下降到零下56℃了。再继续上升的话，温度在很长一段距离之内都不会改变了。如果把温度的因素也考虑进去的话（初等数学在这里已经完全不适用了），我们就能够得到更符合实际情况的答案。同样，因为温度的变化，我们在前面所计算的在地下深处的大气压，也只能用近似值来表示。

Chapter 7
热效应

扇扇子为什么会让人感到凉爽

人们在挥动扇子的时候，会觉得非常凉爽。而且，他们的这一举动对屋内的其他人也有好处，这些人都该感谢他们，因为他们扇扇子的举动能把室内的空气温度降低。

下面我们来分析一下：为什么我们在扇扇子的时候会感到凉快？原来与我们的脸部直接接触的空气在变热之后，会变成一层透明的"面膜"，整个罩在我们的脸上。这样，我们的脸部热量就无法及时散开，就会开始"发热"。我们周围的空气如果没有任何流动，贴在我们脸上的这一层空气就只能在其他还没有加热过的空气的重力作用下，慢慢地向上排出。当我们扇扇子的时候，就相当于赶走了罩在脸部的"热面膜"，我们的脸部就能够持续不断地和那些尚未被加热的空气接触，热量不停地被传导出去，身体也在一直散热，所以就会感觉到凉爽了。

通过上面的分析可知，在扇扇子的时候，人们是不断地把脸周围的热空气给扇走，没有被加热的空气及时取代热空气。等到不热的空气再变热以后，又有新的不热的空气取代变热的空气……

所以扇扇子能够加速空气的流动，整个屋子的空气温度就会很快变得均匀了。也就是说，扇扇子的人自己感到凉爽，其实是利用了别人周围的凉空气。关于扇子的另外一个作用，我们会在后文中介绍。

有风的时候为什么会感到更寒冷

大家都知道，同样是严寒，有风的时候比没有风的时候要难以忍受得多。可是，并不是所有的人都知道其中的原因。其实只有有生命的生物才能感觉到有风的时候会更寒冷。让风对着温度计吹的话，它的汞柱高度可不会下降。人在有风的时候会觉得特别冷，其中的一个原因是有风时从脸部或全身散出去的热量比没有风的时候要多得多。如果没有风，新的冷空气不会那么快取代那些已经被身体暖和了的空气。风刮得越大，每分钟与皮肤接触的新的冷空气就会越多，而我们身体散失的热量自然也就越多了。这就已经足够让我们觉得非常寒冷了。

另外，还有一个原因也使我们感到寒冷。我们的皮肤一直都在蒸发水分，即使在冷空气中也不例外，而蒸发是需要热量的。蒸发会把我们身上和附着在身上的那一层空气热量都带走。如果空气静止不动，蒸发就会非常缓慢，因为很快就会有饱和了的水蒸汽出现在紧挨皮肤的那一层空气中，而空气中的水蒸汽如果已经饱和了，蒸发现象就不会再发生了。可如果空气不断地在流动，不断地有新的空气贴到我们的皮肤上，那么我们的身体就会不断地进行蒸发，热量也就会不断被带走。

风速和空气的温度决定了风的冷却作用到底有多大。一般情况下，它比我们想象的要大得多。假如此刻空气的温度是4℃，如果没有一点儿风的话，我们皮肤的温度大概是31℃。如果此时有一点儿微风，风速是2米／秒左右，就是能够恰好吹动旗子而吹不动树叶的强度。这时候，我们皮肤的温度就会下降7℃。当风速达到6米／秒，也就是能刮得红旗飘扬的时候，我们皮肤的温度就会下降9℃（大约只有22℃了）。上面这些数据，是我们从卡

利坦的著作《大气物理学原理在医学中的应用》中摘录的。如果读者感兴趣的话，可以从里面找到更多更有趣的详细描述。

所以，要判断身体对寒冷的感受程度，只考虑温度因素是不够的，风速的影响也要注意。在同样寒冷的天气里，在圣彼得堡的人会觉得比在莫斯科的人更难以忍受，因为在波罗的海沿岸，风速已经达到了（5~6）米／秒，而莫斯科的风速是4.5米／秒。在外贝加尔区的平均网速只有1.3米／秒，所以莫斯科的严寒也会好受一些。同样的道理，东西伯利亚的严寒并不像我们想象的那样严酷难耐，因为东西伯利亚基本没有风，特别是在冬季。

"滚烫的呼吸"

在看完上面的文章后，有读者可能会说："既然在炎热的日子里，风能够给人们带来凉意，那为什么旅行家们还会说在沙漠里是'滚烫的呼吸'呢？"

我们是这样解释这个看似矛盾的问题的：在热带气候作用下，那里的空气比我们的人体还要热。这样的话，大家就不会觉得奇怪了：在空气更热的地方刮风的时候，人肯定只会觉得更热，而不会感到凉爽。因为这时候已经不是人体把热量传导到空气中，而是空气把人体给加热了。所以，人体每分钟与热空气接触得越多，人就会觉得越热。不过，风还是会加强蒸发作用的，但即便如此，还是热风带给人们的热量更多一些。这也是生活在沙漠里的人要穿长袍、戴皮帽的原因。

面纱真的有保温作用吗

这又是一个日常生活中的物理学问题。相信女士们都可以证实，面纱肯定可以保温。因为摘下它，脸部就会觉得冷。不过男人们一般不会相信这样的话，因为面纱是如此之薄，而且上面还有很多大大小小的孔洞，男人们会觉得这只是女士们的心理作用而已。

但是，如果明白了上面我们所讲的内容，就不会认为女士们的说法没有根据了。因为空气通过面纱时，无论上面的孔有多大，空气的速度都会慢下来。直接接触脸部的那一层空气在变热了之后会像一片"面膜"似的罩在脸上，而面纱能起到阻挡作用，热空气就无法像没有戴面纱的时候被风很快吹散。所以女士们的话还是有道理的，感觉稍微有点儿冷或者有点儿风的时候，戴上面纱肯定比不戴面纱感觉暖和。

制冷水瓶

制冷水瓶是一种容器，它是用没有烧过的黏土做成的。它的性能十分有趣，将水装在里面的话，可以变得比周围的物体凉一些。有很多南方民族都在使用这种水瓶，因此它有很多不同的名字。在西班牙，人们把它叫作"阿里卡拉查"，在埃及，人们把它叫作"戈乌拉"……

这些水瓶制冷的原理非常简单：瓶内的液体在透过黏土水瓶壁慢慢往外渗的时候，会逐渐蒸发。这样的话，容器和水的一部分热量就被带走了。

旅行家们在日记里曾经这样写道：

> 关于这种容器的制冷作用非常强这个说法，是错误的。制冷水瓶本身的制冷作用并不是很明显，它的作用大小取决于很多外在的条件。当外面的空气越热，液体渗透到容器外时就会蒸发得越快，容器里面的水也就会越快变凉。另外，它和周围空气的湿度也有很大关系。空气中的水分越多，蒸发得也就越缓慢，容器里的水冷却就越难了。与此相反，如果空气中的水分很少，非常干燥，那蒸发得就会很快，热量散开得也就快了，这种容器的制冷作用就会更加明显。此外，风也能加速蒸发，有助于制冷。关于这一点，我们可以很容易证明：如果穿着湿的衣服，站在温暖有风的户外，你就会觉得非常凉快。还有一点需要说明，制冷水瓶里的水，温度下降幅度其实不会超过5℃。在南方非常炎热的地方，当温度计指示为33℃的时候，制冷水瓶里的水温是28℃，和温水浴池的温度是一样高的。可以发现，这种冷却功能其实并没有多大作用。不过制冷水瓶可以让冷水的温度保持不变，不让冷水变热，这也是制冷水瓶的主要用途。

我们可以用数字算一下这种制冷水瓶里的水到底可以冷却到什么程度。

假设我们有一个可以装5升水的制冷水瓶，已有0.1升的水蒸发了。在天气温度为33℃时，蒸发1升（也就是1千克的水）需要的热量大约是580卡。已知瓶内的水已经蒸发了0.1升，也就是说已经消耗掉58卡的热量了。如果消耗的热量全部都来自瓶里的水，那么瓶内的水的温度就会降低

> 卡，即卡路里（calorie），是能量单位，现在被广泛应用于营养计量和健身手册中。国际标准的能量单位是焦耳，它的大小相当于在1个标准大气压下，把1克水升高1℃需要的能量。卡路里与焦耳之间的关系是：1000卡路里≈4186焦耳。

$\frac{58}{5}$（大约是12℃）。但是，实际消耗的热量并不完全来自瓶内的水，其中一大部分来自瓶壁和瓶壁周围的空气。不止如此，瓶里的水因热量蒸发，它一

边在冷却一边又会因获得热量而变热，这些热量来自贴在瓶外的热空气。所以，瓶里的水冷却的温度只有上述计算数据的一半左右。

那么制冷水瓶的制冷作用是在太阳下更好一些，还是在阴影下更好一些呢？这一点就很难确定了。因为虽然太阳能够加快蒸发，但是同时也会加强热传递。也许，把制冷水瓶放在微风中的阴影下是最有效的。

自制简易冰箱

根据蒸发制冷的原理，我们可以制造一种不使用冰也可以保存食物的冰箱。这种冰箱的制造方法非常简单：选用木制的箱体——当然用白铁皮最好。在冰箱里面装上架子，用来放置需要冷藏的食物。把一个装有清洁凉水的容器放在箱顶。再拿一块粗布，一端浸在这个容器的水里，剩下的部分顺着冰箱后壁搭下去，在冰箱的下面，还有一个容器，布的另一端就落在这个容器里。在粗布湿透之后，水就会不断渗进粗布，就像通过灯芯一样。这时候，水就会慢慢蒸发，冰箱的各个部分也就随之变冷了。

我们必须把这种"冰箱"放在凉爽的地方，而且每天晚上都要更换其中的冷水，使它能够在夜里完全变凉。还有一点毫无疑问，就是不管是盛水用的容器，还是吸水的粗布，都应该是十分干净的。

人体的耐热能力

人体的耐热能力要比我们想象的强得多。南方各国人民所能承受的高温远远高于我们这些住在温带的人的想象。在澳洲中部的夏天，阴影下的温度也常常能达到46℃，有时候甚至高达55℃。当轮船从红海行驶到波斯湾的时候，即便船舱里的通风设备一刻不停地工作，温度依然要达到50℃甚至更高。

在大自然中，目前监测的最高温度不超过57℃。这个温度是气象学家在北美洲的加利福尼亚一个叫"死谷"的地方测到的。中亚是我国最热的地方，那里的温度从未超过50℃。

上面这些温度都是在阴影条件下测量出来的。这里，我就顺便解释一下，为什么气象学家测量的不是太阳下的温度，而是阴影下的。因为温度计只有放在阴影下，测出来的才是空气的温度。如果把温度计放在太阳下，太阳会把温度计晒得比周围的空气都要热，那测出来的可就不是周围空气的温度了。所以把温度计放在太阳下的话，测量温度就没有任何意义了。

曾经有人用亲身试验测出了人体所能承受的最高温度。有实验表明，在干燥的空气中，人体周围的空气温度如果是慢慢升高的，那么人不但能承受100℃——沸水的温度，而且有时候还能够承受高达160℃的高温。英国的物理学家布拉格顿和钦特利就曾经为了做实验，在面包房烧热的炉子里待了几个小时。丁达尔曾经说过："房间里的温度即使已经高到可以煮鸡蛋和烤牛排了，人也可以安全地待在里面。"

该如何来解释人体的这种耐热能力呢？奥妙就在于我们的机体并没有吸收这样的高温，而是始终接近正常体温。人的机体利用出汗的方法来抵抗高温。汗水在蒸发的时候，会从贴近皮肤的那一层空气中带走大量的热量，这层空气的温度就会大大降低。不过需要满足一些条件，人体才能够忍受高温：热源不能与人体直接接触，而且空气必须是干燥的。

去过中亚的人可能知道，那里的37℃高温其实是可以忍受的，而圣彼得堡24℃的温度却让人难以忍受，因为中亚极其干燥，雨水非常罕见，而圣彼得堡的空气湿度非常大。

是"温度计"，还是"气压计"

有这样一个很出名的笑话，说的是一个人因为下面的原因不愿意洗澡：

"我把气压计插在浴盆里，气压计显示一会儿会有雷雨天气。这时候，洗澡实在是太危险了！"

这个人把温度计和气压计给弄混了。可大家不要以为你能很轻易地区分两者。有一些温度计，更准确地说是"验温器"，很容易会被人当作气压计来使用。同样的，有一些气压计也经常被当作温度计来使用。古希腊的数学家希罗就设计了一种验温器，这种验温器就是一个两者混淆的范例（图84）。球被太阳光晒热之后，位于球上部的空气就会受热膨胀，水就会被膨胀的空气压着顺着曲管流到球外。水先是沿着管的一端滴到了漏斗里，再从漏斗流到了下面的箱子里。当天气变冷的时候，球内的空气压力就会变小。在外部的空气压力作用下，下面箱子里的水又会沿着直管上升回到球里。

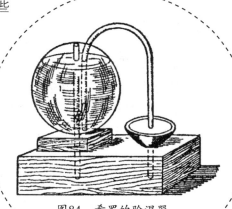

图84 希罗的验温器。

同时，这个仪器对于气压的变化也非常敏感。当外面空气压力降低时，球内的空气还保持着高气压状态，因此瓶内气体就会膨胀，然后把一部分水顺着管子压到漏斗里。如果外面的气压升高，外面较高的气压就会把箱子里的一部分水压回到球里去。温度每变化1℃，球里空气的体积就会相应地发生变化，相当于在气压计上产生$\frac{760}{273}$毫米汞柱（也就是大约2.5毫米汞柱）的变化。在莫斯科，大气压中的变化可以达到20毫米汞柱以上，20毫米汞柱已经相当于希罗验温器上的8℃了。也就是说，气压每降低20毫米汞柱，人们就可能误以为温度升高了8℃。

煤油灯上的玻璃罩有什么用途

很久以前的煤油灯玻璃罩可不是我们现在看到的样子，这一点恐怕没多少人知道。仅仅是这个玻璃罩都经历了一个很长的发展历程。

在长达几千年的时间里，人们一直用火来照明，但始终没有用到玻璃。伟大的天才达·芬奇后来对灯进行了一项改进，大大推动了照明的发展。不过达·芬奇当时用的不是玻璃，而是金属筒。他用金属筒把灯给罩了起来。就这样又过了3个世纪，人们才终于想到用透明的玻璃圆柱来代替金属筒做灯罩。也就是说，经历了十几代人的发展，人类才发明了玻璃灯罩。

那么，这个灯罩到底有什么作用呢？

这个问题看似简单，但不是每个人都能回答正确。一般来说，大家都会认为是为了挡风。其实，这只是玻璃的第二个功用。玻璃罩最主要的作用是提高灯的亮度，加快燃烧过程。这时候，玻璃罩的作用与炉子或者工厂烟囱的作用是一样的：把空气引向火苗，增强了通风。

下面，我们来分析一下：为什么在火苗的作用下，玻璃罩中的空气柱比火苗周围的空气受热要快很多？根据阿基米德原理，受热之后空气会变轻，那些没有被加热的更重的空气就会把这些空气排挤出去，促使其向上流动。如此一来，空气就在不断地从下向上地运动着，从而不断把燃烧生成的产物带走，然后把新鲜的空气带来。玻璃灯罩做得越高，热空气柱与冷空气柱在重量上的差距就会越大，新鲜空气就会越快地流入灯罩，燃烧也就进行得越快。工厂高高的烟囱里空气发生的情况也是这样的，所以在一般情况下，烟囱也都会做得很高。

有意思的是，达·芬奇曾对这种现象进行过详细的阐述，我们可以在他的手稿里读到这样的话：

> 在有火的地方，它的四周会形成气流。这个气流可以帮助燃烧，甚至促进燃烧。

为什么火苗不会自己熄灭

仔细回想一下燃烧的过程，你可能会不自觉地产生这样一个疑问：为什么火苗不会自己熄灭？按照常理，燃烧产生的是二氧化碳和水蒸汽，这些物质都是不能燃烧的，也不能助燃。所以，从燃烧开始，不能助燃的物质就把火苗给包围了起来，这些物质阻碍空气流动，没有空气的话，燃烧根本无法继续进行，火苗应当熄灭才对。

可是火苗为什么没有自己熄灭呢？燃烧为什么会一直持续，直到可燃物质耗尽呢？原因就在于：气体在受热之后会膨胀变轻，热的燃烧产物不会一直停留在原地或者贴近火焰的地方，新鲜的空气会迅速把燃烧产物排挤开。如果气体不适用阿基米德原理，也就是说，假如气体没有了重力的话，那么

145

所有的火焰在燃烧一段时间之后，最终都会自己熄灭。

其实，我们很容易证实，燃烧产物会对火苗产生什么不利影响。我们经常利用燃烧产物来熄灭火苗，只是大家没有想到而已。想一想，大家是怎么把油灯吹灭的？我们经常是从上到下去吹灯的。这就是在把那些燃烧产生的不能助燃的物质吹向火苗。因为没有了充足的空气，火苗自然就熄灭了。

在失重的厨房里做早餐

凡尔纳在小说中详细地讲述了3个人坐在奔月炮弹车厢里，是怎样打发时间的。但是他没有写厨师米歇尔·埃尔唐在这样的环境中是如何完成任务的。或许，这位小说家认为飞行炮弹里的烹饪工作根本不值得描写。假如他真这样想的话，那就错了。因为所有物体在飞行的炮弹中都会失去重量，凡尔纳必然忽略了这一点。在没有重量的厨房里做饭——如果大家也觉得这是一件值得小说家去好好写写的事情的话，那我们就只能对这位作者没能重视这一点而感到惋惜了。下面，我就尽自己所能，把小说中没有涉及的这一章写出来，以方便读者能够更好地认识这个问题。

大家在读这一章节的时候，一定要牢记一点：炮弹里是没有重量存在的，所有的物体都没有重量可言。

在失重的厨房里做早餐

"朋友们，别忘了，我们还没吃早餐！"米歇尔·埃尔唐对自己的旅伴这样说道，"虽然在炮弹车厢里，我们没有了重量，但是也不至于失去了食欲吧！伙计们，我打算给各位做一顿没有重量的早餐。当然，这顿早餐由世界上最轻的几道菜组成。"

同伴们还没有回答，这位法国人就动手做起来了。

"我们的水瓶怎么这么轻？好像空了一样？"埃尔唐一边拿大水瓶，一边自言自语道。他拔下了瓶塞。"别想骗我，我知道你为什么会这么轻，我已经把塞子拔掉了，快将你那没有重量的东西倒进锅里吧！"

但不管他怎么倒，都不见水从水瓶里流出来。

这时候，尼克尔走过来帮忙了。"亲爱的埃尔唐，别再瞎忙活了！你知道，我们这个炮弹里的所有东西都是没有重力的，水肯定也是倒不出来的，你要把水抖出来才行，就像平时倒浓糖浆那样。"

埃尔唐毫不犹豫地把水瓶翻了过来，然后用手掌拍了一下瓶底。又发生了一件意想不到的事情：瓶口处竟然马上出现了一个拳头大小的水球。

"这是怎么回事？我们的水怎么了？"埃尔唐感到非常困惑，"我不得不承认，我没有想到会这样。我的学者朋友，你给我解释一下吧！"

"不必惊讶，亲爱的埃尔唐，这是水滴，就是我们常见的水滴。水滴在没有重力的世界里，可以变得要多大有多大。有一点你要知道，只有在重力的作用下，液体才会呈现容器的形状，才会一股一股地往下流。现在，我们这里没有重力，液体只会受到自身内部分子的力的作用影响，所以它就会呈现出球状，和有名的普拉图实验中的油的情况是一样的。"

"我才懒得去搭理什么'普拉图实验'！我只想烧水做汤而已。我发誓，不管什么分子都阻止不了我。"这位法国人感到非常急躁。

于是，埃尔唐还是拼命想把水倒到飘浮在空中的锅里，可一切好像都在跟他对着干：那些球状的大水珠到了锅里之后，就沿着锅壁散开了。而且事情还没完，水顺着锅壁散开，是从锅的内壁直接越到外壁，就好像给这口锅罩上了一层厚厚的水，根本不可能把这样的水烧开。

尼克尔还是很沉着的，他平静地对怒气冲冲的埃尔唐说："这真是一个有趣的实验，可以看到分子的内聚力有多么强大。"

"你不用紧张，这只是一个普通的液体润湿固体的现象。因为只有在没有重力阻止的情况下，才会出现这种现象。"

"没有重力阻止？那可真是见鬼了！"埃尔唐还是很生气，"不管这是不是什么液体润湿固体的现象，我现在想要的是水在锅里，而不是在锅外！否则根本没有任何厨师能做出一道汤来！"

"既然现在这种润湿现象妨碍了你做汤，你完全可以想办法阻止它。其实方法很简单。"巴尔比根站起来对埃尔唐说，"你还记不记得，只要在物体上涂上一层油，哪怕只是薄薄一层，水就不能把它润湿了。所以，你只需在锅外面涂上一层油，水就能留在锅里了。"

"太棒了！我觉得这才是真正的学问！"埃尔唐一边在锅外面抹油，一边高兴地说道。随后，他开始在煤气炉上烧水了。

可难题又出现了，好像什么都在跟埃尔唐作对似的，煤气炉也不老实了。淡淡的火焰只燃烧了不过半分钟，竟然毫无征兆地灭了。

一开始，埃尔唐围着煤气炉转悠了几圈，小心伺候着火苗。可是，他的耐心忙碌并没有换来什么成效：火苗就是不燃。

"巴尔比根！尼克尔！难道就不能让这固执的火好好燃烧吗？就像那些所谓的物理学原理，还有煤气公司的章程说的那样，老老实实地燃烧起来吗？"这位沮丧的法国人不得不向朋友求助了。

"这根本无须感到意外。"尼克尔这样解释道，"火苗的燃烧都是遵循物理学原理的，至于煤气公司……要是没有了重力的话，我想它们都得破产。如你所知，火苗在燃烧的时候会产生二氧化碳和水蒸汽等一些阻燃物质。一般情况下，这些燃烧生成物不会留在火焰的附近，因为它们是热的，所以比较轻，周围流过来的空气会把它们往上排挤走。可是我们这里现在没有重力存在，燃烧生成物只能留在原地，火焰周围就形成了这样一层不能燃烧的气体，新鲜空气受到阻碍，根本无法同火焰靠近，所以火焰才会这么渺小暗淡，而且很快就熄灭了。灭火器也是根据这个原理设计的：用不能燃烧的物体把火焰包围住。"

"照你这么说，"这位法国人打断了尼克尔的话，"如果地球上的重力消失了，根本就用不着救火队了，因为火会自己熄灭，是吗？"

"对，就是这样！现在，你可以再把火点燃，然后向火焰吹气，利用人工的方法让火焰能够像在地球上一样燃烧。我希望这样能成功。"

接着，几个人开始这样做了。埃尔唐再次把煤气炉点燃，一边动手做早餐，一边看着尼克尔和巴尔比根两个人轮流吹着火苗，把新鲜空气源源不断地吹到火焰里去。埃尔唐有些幸灾乐祸，因为在这位法国人看来，全是他的这些朋友的科学招来了这样多的麻烦。

埃尔唐带着嘲讽的口气说道："你们这样做，还真有点儿像工厂里的烟囱，我的学者朋友们，我真是有点儿可怜你们，不过如果我们想要吃上一顿热乎乎的早餐，就不得不听从你们那物理学的安排。"

可是，时间过去了一刻钟、半个小时、一个小时……锅里的水好像还是没有要沸腾的迹象。

"亲爱的埃尔唐，你一定要耐心点儿。在平常，有重量的水很快就会被烧热了——这个现象你肯定经常能看到，它是什么原因造成的呢？就是因为水的对流作用：下层的水在受热了之后就会变轻，随后被冷水挤到上面去。这样的话，所有的水很快就会变热。你肯定也没见过从上面把水烧开的情况吧？因为从上面烧的话，水就不会发生对流作用了，上层的水在烧热之后只会停留在原处，而水的热传导能力是非常弱的。上层的水就算已经烧开了，在下层的水中可能还是没有融化的冰块

呢！但我们现在是在一个没有重量的世界里，所以从哪里烧都没有什么区别：锅里的水都不会发生对流作用，所以水才会热得特别慢。你要是希望水能热得快一些，就得不停地搅动水。"

另外，尼克尔还告诉埃尔唐，他只能把水加热到比沸水的温度稍微低一些，而不能把水烧到100℃。因为水到了100℃的时候会产生大量的水蒸汽，而此时水蒸汽跟水的比重是一样的，都等于零，它们就会混在一起，形成均匀的泡沫。

紧接着豌豆也开始出来捣蛋。埃尔唐只不过把装豌豆的口袋解开，轻轻地拨弄了一下，豌豆就四下散开了。而且在空间里飘来飘去，碰到墙壁之后还会弹回来。豌豆就这样飘着，差点儿惹了大祸：尼克尔一不小心吸进了一颗豌豆，他不住地咳嗽，差点儿被噎死。为了清洁空气，避免类似危险情况再次发生，这些旅行家开始耐心地用网把所有飞行着的豌豆给捉住。这个网本来是埃尔唐带在身边，准备到月球上"采集蝴蝶标本"用的。

在这样的环境下，做一顿饭真是太难了。埃尔唐十分肯定地说："就算是最有本领的厨师，到了这里，也毫无办法。"

煎牛排也不轻松：要始终用叉子把牛排叉住。否则，牛排就会被下面的油蒸气推到锅外去，没有煎熟的牛肉还会往"上"飞跑——我们姑且用这个词吧，其实这里根本没有上下之分。

不仅做饭很难，在这个没有重力的世界里，吃饭也变得很奇怪。朋友们是以各种姿势悬在空中的，这种情景虽然很好看，但却时不时会发生彼此碰头的现象。想要坐下来根本不可能。桌子、椅子、沙发……所有的这些东西，到了这个没有重量的世界也都失去了作用。实际上，要不是埃尔唐坚持要在"桌旁"吃饭，他们几个人是完全用不着桌子这种东西的。

烧汤已经非常难了，喝汤就更不容易了。埃尔唐无论如何都不能把这些没有重量的肉汤倒在几个盘子里。为这事，他整整忙活了一个早上。埃尔唐忘记了肉汤也是没有重量的。他烦躁地把锅翻了个底朝天，想把肉汤给"赶"出锅。结果，一个非常大的球形水滴——丸子一样的肉汤从锅里飞了出来。恐怕埃尔唐只有拥有魔术家的本领，才能把这滴大大的丸子肉汤给抓回来，再放进锅里。

试着用汤匙来盛汤也失败了。从汤匙到手指全部都被肉汤给弄湿了，肉汤还严严实实地覆盖着汤匙。不得已，最后又在汤匙上涂了一层油，才避免了这种润湿现象。可事情并没有什么好转：汤匙中的肉汤都变成了球状的小丸子，无论如何都无法把这些没有重量的小丸子顺利地送到嘴里。

最后，还是尼克尔解决了这个问题，他想了这样一个办法：他用蜡纸做了几个吸管，大家用这些吸管"喝"上了汤，准确地说是吸上了汤。在后来的旅途中，这些朋友都是用吸管来喝水、喝酒和喝其他饮品的。

水能够灭火的原理

这同样又是一个看似简单但你不一定总能回答正确的问题。下面，我们还是再来简单地说一说灭火时，水对火的作用。希望读者们不要觉得啰唆。

首先，水接触到炽热的物体后，就会变成水蒸汽，并且从物体上带走大量的热量。而且沸水变成水蒸汽所需要的热量大约是同质量的冷水加热到100℃时所需热量的5倍。

其次，沸水变成水蒸汽后的体积是原来的好几百倍。燃烧的物体周围被水蒸汽包围后，就与空气隔绝开了。没有了空气，燃烧自然就无法继续进行了。

另外，有时候，为了提高水的灭火能力，消防人员还会往水里加一些火药。这种做法听起来有点儿奇怪，但实际上却非常有道理的：因为火药会快

速燃烧，从而产生大量不能燃烧的物体，迅速把正在燃烧的物体包围起来，使燃烧变得困难。

用火来灭火

大家也许也听说过，与森林或者草原火灾作斗争，最好的、有时甚至是唯一的方法就是把大火蔓延方向的森林或者草地点燃。新燃起的火焰会向着猖獗的火海前进，先把易燃的物质都烧掉。这样，大火就会失去燃料。当两堵火墙正面遭遇的时候，它们就好像被彼此吞食了一样，会立刻熄灭。

很多人一定读过库帕的长篇小说《草原》，在小说里他就描写过，美洲草原发生大火时，人们采用了这种方法来灭火。那个场景令人难忘。一些困在草原大火里的游客差点儿要被烧死了，一位老猎人把他们救了出来。下面就是小说中关于这段灭火情形的描写：

"是时候了，该行动了！"老猎人好像突然下定了决心。

"可怜的老头子，已经来不及了！"米德里顿大声叫道，"大火离我们太近了，只有四分之一英里！而且还有风，大火正借着可怕的大风向我们扑过来！"

"是吗？火？我可不怕它。好了！孩子们，你们别光站着！我们一起把这片草割掉，马上清理出一块空地来！"

很快，一块直径大约为20英尺的空地就被清理了出来。老猎人同时吩咐女人们把身上容易着火的衣服用毯子包裹起来，然后把她们带到那块空地的边上。在做好了这些预防措施之后，大火已经非常凶猛，就像一堵危险的高墙，把游客们给包围了起来。老猎人走到了空地的另一边。他在枪托上点燃了一

图85 老猎人用火扑灭草原上的大火。

捆干燥的草，然后把点着火的干草使劲扔到了高树丛中。随后，他走到了空地中央，开始耐心地等待（图85）。

老猎人放的那把火异常贪婪地扑向了新的燃料，草地在一瞬间就被点燃了。

"好了，现在就让你们看看火跟火是怎么作斗争的。"老猎人说道。

"这样不是很危险吗？"米德里顿吃惊地喊道，"你不但没有把敌人赶走，还把它带到了身边来！"

火势变得越来越大，开始向三个方向蔓延开来。由于在第四个方向没有燃料，火迅速熄灭了。随着火势的蔓延，烧出来的空地也越来越大，空地上还冒着黑烟，所有的东西都被烧没了，甚至比刚才大伙儿用镰刀割出来的空地还要干净。

火焰越来越大，刚才割出来的那片地方也越来越宽敞。要不是这样的及时处理，那些游客的处境肯定会非常危险。

几分钟后，各个方向的火基本上都熄灭了，人们四周就只剩下黑烟了。大火继续疯狂地向前奔去，现在已经没有什么危险了。

看着老猎人用这种简单的办法把火扑灭，大伙儿都非常吃

惊，就好像费迪南的朝臣看着哥伦布把鸡蛋竖起来了一样。

不过真的遇到了森林或者草原大火，采用这种方法灭火并不像想象的那么简单。利用迎火燃烧的方法来灭火需要丰富的经验，否则可能会引发更大的灾难。

为什么需要丰富的经验呢？大家不妨思考一下下面这个问题：老猎人放的火为什么会迎着风烧去，而不是朝着相反的方向蔓延呢？风可是会朝着这个相反的方向吹，然后把火带到游客身边去的！所以看起来，这位老猎人所放的火好像应该向后退去，而不应该迎着火海烧去才对。可如果真是这样，游客们就肯定会被火海包围，难逃被烧死的悲剧。

那么，老猎人成功灭火的秘诀是什么呢？

秘诀就是简单的物理学知识。虽然风吹向游客的方向是沿着燃烧着的草原那一面的，但在离火很近的前方，有相反的气流在朝着火焰吹。事实上，在变热了之后，火海上面的空气会变轻，从没有着火的草原上吹来的新鲜空气会把这些热空气排挤到上空。所以在火海的边界附近，就会出现一股迎着火焰而去的气流。因此想要动手放火，必须要等火海接近到一定程度，可以觉察到一股气流涌向火海才行。这就是老猎人为什么一开始不着急点火，而是一直耐心地等待合适时机的原因。如果火放得过早，这股气流还没有出现，那火就会向相反的方向烧过来，这时候人们的处境就很危险了。同样的，火也不能放得太晚，因为如果火离得太近的话，人会被烧死的。

沸水能否把水煮开

找来一个小瓶子（普通小玻璃瓶或者药瓶都可以），往瓶里装上一些水（纯净水），然后把它放在盛着干净水的锅里，把锅放到火上烧。为了让小瓶子不碰到锅底，我们可以把小瓶子挂在一个金属环上吊着。随着锅里的水开始沸腾，小瓶里的水似乎应当随之沸腾才对。可实际上，不论你等多久，都不可能等到这一刻。小瓶子里的水会变得很烫，但是绝对不会沸腾。也就是说，锅里的开水没有达到能把小瓶子里的水烧开的足够热度。

这样的结果好像很出人意料，实际它又是在意料之中的。因为要将水烧开的话，仅仅把水加热到100℃还是不够的，水还需要足够的热量供给才能够达到另一种状态——从液态变成气态。

在100℃时，水就会沸腾，而且在普通条件下，不论我们如何继续加热，它的温度都不会再升高了。这就意味着，我们用来加热小瓶子里的水的热源最多也只有100℃，那么小瓶子里的水温最多也只能达到100℃而已。当瓶内外水温相同时，热量就不会再从锅里传到小瓶子里了。

所以，我们用这种方法给小瓶子里的水加热，是无法供给它更多的热量的，也就无法让水从液体变成水蒸汽了（达到100℃时，每克水要想转化成水蒸汽，还需要500卡以上的热量）。这就是小瓶里的水会变得很热，但始终不会开的原因。

可能大家还会有这样一个疑问：小瓶子里的水和锅里的水又有什么区别呢？锅里的水是水，小瓶子里的水也是水，它们之间只有一层玻璃相隔而已，为什么小瓶子里的水就不能像锅里的水一样达到沸腾状态呢？

就是因为这层玻璃阻碍了小瓶子里的水与锅里的水发生交换。在锅里的每个水分子都能与灼热的锅底进行直接接触，而小瓶子里的水接触到的只有沸水。

由此可知，我们不能用沸水去把水烧开。不过如果在锅里撒上一把盐，情况就不同了，因为盐水的沸点要略高于100℃，这样的话，小瓶子里的水就能烧开了。

雪能把水烧开吗

"既然沸水都不能把水烧开,更何况是雪呢!"有的读者可能会这样说。我们不妨做一个实验,用事实来说话。就用我们刚才使用过的那个小玻璃瓶就行。

装上半瓶水,然后把小瓶放在已经沸腾的盐水锅里。在小瓶子里的水沸腾之后,就把小瓶子从锅里拿出来,然后迅速用事先准备好的瓶塞盖上。这时候,把小瓶子倒过来,耐心地等待,等着小瓶子里的水停止沸腾为止。

当小瓶子里的水停止沸腾时,再用沸水去浇小瓶子,我们知道小瓶子里的水不会沸腾。可是如果我们在瓶底放一把雪,或者像 图86 演示的那样,用冷水去浇小瓶子,大家会发现水又开始沸腾了。

雪真的做到了连开水都无法做到的事情。这太让人觉得困惑了。要知道,这个瓶子此时并不是特别的烫。可大家又亲眼见到了,小瓶子里的水确实在沸腾!

这里的秘密就在于,瓶壁被雪冷却了,小瓶子里的水蒸汽迅速凝结成了水滴。因为小瓶子里面的空气在锅里沸腾的时候,已经被赶了出去,所以施加给小瓶子里的水的压力就小了很多。相信大家都知道,随着液体受到的压力的减小,沸点也会随之降低,所以水会沸腾。

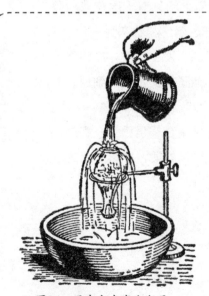

图86　用冷水去浇小瓶子,
小瓶子里的水沸腾了。

不过我们这里虽然还是说小瓶子里的沸腾的水，可实际上已经不是指沸腾的开水了。

小瓶子的瓶壁如果非常薄，因为水蒸汽的突然凝结，小瓶子就可能会发生类似爆炸的情况。因为瓶子内部的压力很小，外面的空气可能会把瓶子"压破"（顺便说一下，大家可能会发现"爆炸"这个词其实在这里也不适用）。所以我们最好是用圆形的烧瓶，就是那种瓶底凸出的烧瓶来做这个实验。这样的话，空气压力会作用在瓶底。

图87　铁箱冷却时发生了变形。

不过，做实验时最安全的设备还是装煤油或者植物油的铁箱。用这种箱子装上少量的水，烧开之后，拧紧箱盖，然后用冷水泼箱体。这时候，外面的空气压力就会把充满了水蒸汽的铁箱压瘪，因为箱子里的水蒸汽在受冷之后迅速变成了水，铁箱就会像被重锤击中那样，从而发生变形（图87）。

"用气压计煮汤"

马克·吐温曾在《浪迹海外》一书中描写了他想象出来的一次旅行，这次旅行是在阿尔卑斯山。

令人烦恼的事情总算结束了。人们终于能休息一下了，而我也可以趁此机会好好想一想这次远征的科学性。首先，我想用气压计来测量我们所在位置的高度。非常遗憾的是，并没有得到任何结果。我曾经从一些科学读物中了解到，好像是气压计，又好像是温度计，需要

图88 马克·吐温用气压计煮汤。

煮一下才能显示出刻度来。我也不确定到底是温度计还是气压计，所以决定把两个一起煮一下。

可还是没什么结果。而且我看了看这两种仪器，发现它们都已经被煮坏了：气压计只剩一根铜指针，气压计盛水银的小球里，只剩下一点儿水银在晃了……

我找到了另外一根气压计，这个气压计是全新的。我把它放在厨师用来煮豆羹的瓦罐里煮了半个小时。这次又发生了一个意外情况：虽然仪器完全不能用了，豆羹汤里却弥漫着一股浓郁的气压计的味道。

厨师非常聪明，他马上把菜单上的汤换了个新名字。这道新美味得到了大家的一致赞美，所以我决定以明天开始就让人用气压计来做汤。虽然气压计已经完全煮坏了，可我并没有觉得可惜，因为它已经帮我测出了我们所在的高度，我再也不需要它了。

不开玩笑了，我们先来确定一下这个问题：到底应该先煮温度计还是先煮气压计？

答案是温度计。原因就在于：水受到的压力越小，沸点就越低。关于这一点，我们从前面的实验就已经看出来了。随着山体高度不断增加，大气压力会逐渐减小，水的沸点也会随之降低。事实上，我们可以观察到在不同的大气压力下水的沸点如左表。

在瑞士的伯尔尼，那里的平均气压是713毫米汞柱，水在敞开的容器中的沸点是97.5℃。而到了欧洲的勃朗峰，气压只有424毫米汞柱，沸水的温度也随之降低，只有84.5℃。高度每上升1千米，水的沸点就下降3℃。也就是说，如果按

沸点（℃）	气压（毫米汞柱）
101	787.7
100	760
98	707
96	657.5
94	611
92	567
90	525.5
88	487
86	450

照马克·吐温的说法——把温度计煮了一下，就相当于我们测出了水的沸点。对应表格来查一下，就可以推算出这个地方的高度了。这样推算的前提是，准备一张温度气压对照表。但对于这一点，马克·吐温"居然"没有想到。

这里需要用到的温度计是沸点测高温度计。这种仪器的精确度比气压计要高很多，而且携带起来也很方便。

当然了，我们也可以用气压计来直接测量高度，而且不用"煮"，气压计就能直接告诉我们大气压力了，其原理是：爬得越高，大气压力就越小。不过同样的，想要测量高度，我们就必须知道空气压力与海拔高度的变化关系，空气压力是如何随着海拔高度的增加而逐渐减小的。而马克·吐温似乎根本没有弄清楚这些关系，所以才想出了"气压计煮汤"。

沸水的温度都一样吗

如果你读过凡尔纳的长篇小说《太阳系历险记》，肯定很熟悉里面的主人公——勇敢的勤务兵本·佐夫。本·佐夫曾经非常肯定地说，无论何时何地沸水必然都一样烫。如果不是机缘巧合，他和司令官塞尔·瓦达克一起被抛到了彗星上，恐怕他一辈子都会这么认为。这个调皮的星球在和地球相撞之后，恰好把这两位主人公从地球上撞了下来，并且让他们不断沿着自己那椭圆形的轨道上前进。于是，这位勤务兵得以亲眼看到，沸水并不都是一样烫的。他是在做早饭的时候意外地发现了这个情况。

本·佐夫把水倒进了锅里，把锅放到了炉子上，等着把水烧开之后，把鸡蛋放进去。在他看来，这些鸡蛋太轻了，就好像是空的一样。等了不到2分钟，水竟然就开了。

"真是见鬼了！这火是怎么烧的？这么快水就开了！"

本·佐夫大声说道。

　　"和火无关，不是火烧得厉害，而是水沸腾得太快了。"塞尔·瓦达克想了想说。他把温度计从墙上取下来，插到了开水里。温度计显示是66℃。

　　"啊！"军官惊奇地喊道，"只有66℃，水就开了，根本不是100℃！"

　　"真的吗，长官？"

　　"是的，本·佐夫。我觉得你应该把鸡蛋再煮上15分钟。"

　　"那它们会变硬的！"

　　"放心吧，不会的，老兄。15分钟，鸡蛋刚好能煮熟而已。"

就是因为大气压降低了，才出现了这种现象。到了这里，空气压力降低了$\frac{1}{4}$，水受到的空气压力也变小了，所以水在66℃时就沸腾了。同样的，在11000米高的地方也会出现这样的情况。这位军官如果随身携带了气压计，他就能知道气压降低的情况了。

　　对于小说中的两位主人公所观察到的现象，我们暂且不去怀疑。两位主人公说水在66℃的时候就已经沸腾了，我们先相信这是事实。可是有一点却非常值得怀疑，在如此稀薄的大气中，他们竟然没有感受到任何不适。

　　小说的作者说，在11000米高度的地方也可以观察到类似的现象。他的说法没有问题。水的沸点在这样的高度时确实是66℃。（像我们之前所说的那样，海拔每升高1千米，水的沸点就会相应降低3℃。所以要想让水在66℃时就沸腾，就应当到达$\frac{34}{3}$千米的高度，也就是大约11千米高的地方。）但是在这种地方，空气压力也非常小，只有190毫米汞柱，恰好只是正常大气压力的$\frac{1}{4}$。这个高度已经到达平流层了，空气如此稀薄，连呼吸几乎都不可能。众所周知，到了这样的高度，即使是飞行员，不戴氧气面具的话，也会因为氧气不足而昏迷的，可小说的两位主人公竟然毫无感觉。幸亏他们手边没有气压计这种仪器。否则，恐怕这位小说家还要想方设法强迫它不按照物理学原理来工作呢！

　　我们的主人公如果不是来到了这颗想象中的彗星，而是来到了火星，火星的大气压力大小不超过60毫米汞柱，他们烧的开水恐怕还要更凉一些，只要达到45℃就可能开了。

与此相反，如果来到矿井深处，那里的气压比地面要高得多，就可以得到滚烫的沸水了。在深度为300米的矿井里，水的沸点是101℃；在深度为600米的时候，水的沸点就变成了102℃。

同样的，水在蒸汽机锅炉里的沸点非常高，就是因为水是在极高的压力下沸腾的。比如，在14个大气压力的条件下，水的沸点可以达到200℃！相反，如果在空气泵的罩子下面，在常温下，水仍然可以剧烈地沸腾，这时候"沸水"的温度就只是20℃而已。

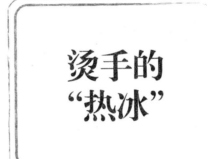

烫手的"热冰"

刚刚，我们讲到了凉的"沸水"，同样还有一种物质——"热冰"，会让人更加吃惊。通常，我们会认为，水在高于0℃的时候不会以固体状态存在。英国物理学家布里奇曼通过研究证明事实并非如此。如果是在压力极大的情况下，水可以呈现固态，在温度高于0℃的时候，也能维持这种状态。总的来说，布里奇曼研究发现：冰的存在形式有好几种，其中一种是在20600个大气压下得到的，他称之为"第五种冰"。这种冰在76℃的高温时还能保持固体状态。我们如果用手去触摸它，手指就可能被灼伤。不过，我们根本无法接触到这种冰；因为这种冰需要保存在质量非常好的钢制厚壁容器中，而且要施加巨大的压力才能得到。所以我们根本没有机会看到它，更别说用手去碰它了。对于这种"热冰"的性质，我们也只有通过间接的方法才能得知。

更有趣的现象是，与通常的冰相比，这种"热冰"的密度更大，甚至比水的密度还要大，它的比重是1.05。所以把它放到水里的话，它会往下沉，而普通的冰则是浮在水面上的。

煤也可以"制冷"

我们都知道煤是用来取暖的，不过用它来"制冷"也是可能的。制作"干冰"的工厂每天都是用煤来"取冷"的。工人们把煤放进锅炉里充分燃烧，然后把燃烧生成的烟洗净，同时把其中的二氧化碳气体用碱性溶液吸收干净之后，工人们再通过加热的方法，把二氧化碳气体从碱性溶液中分离出来并把这些纯净的气体放到70个大气压下进行冷却和压缩。最终，就得到了液态的二氧化碳。把它装在厚壁容器中，就可以送往汽水生产厂或者其他工厂去了。液态二氧化碳的温度很低，甚至可以冰冻土壤。莫斯科建造地铁时，就曾使用过液态二氧化碳。不过固体二氧化碳的应用更广泛，固体二氧化碳就是我们常说的"干冰"。

干冰是将液态二氧化碳在高压的条件下迅速冷却制成的。从外形上来看，干冰块其实更像雪，而不像冰。干冰与固体的水在很多方面都不同，比如，干冰的温度虽然很低（－78℃），手指却不觉得它是冰冷的。如果把干冰小心地拿在手里，它与我们身体接触的地方就会产生二氧化碳，我们的皮肤会因受到保护而不会感到寒冷。只有在用力捏它的时候，才有可能冻伤我们的手指。

通过"干冰"这个名称，我们就能够直观地了解它的主要物理性质：干冰从来不是湿的，而且也不会把周围的东西弄湿。干冰在受热之后会马上变成二氧化碳气体，在正常大气压力条件下，不会呈现液体的状态。

作为一种冷却物质，干冰的这一性质是独特的。用干冰来冷藏食物，食物不但不会受潮，由于二氧化碳气体还能够抑制微生物生长，食物不会出现真菌，更不会腐烂。在这种气体环境中，昆虫和啮齿动物也是无法生存的。最后，固体二氧化碳还是一种有效的灭火剂。只要把几块干冰扔到正在燃烧的汽油里，就能把火扑灭。所以无论在工业上，还是在日常生活中，干冰都得到了广泛应用。

Chapter 8
磁与电磁作用

"慈石"
与磁石

"慈石"是一种天然磁石的名字。这个富有诗意的名字是中国人起的，他们认为"慈石"会吸引铁块，就像温柔的母亲始终在吸引着自己的孩子一样。有意思的是，在古代大陆另一端的法国人对磁石也有一个类似的称呼。在法语中，"aimant"就有着"磁铁"和"慈爱"两个意思。

磁石的这种"慈爱"力量并不大，所以希腊人把磁石称为"赫尔库勒斯石头"，就有些过于天真了。古希腊人对磁石如此微弱的吸引力都感到震惊，如果他们看到现代冶金工厂里磁铁已经能够举起几吨重的物体，又会作何感想呢？当然了，工厂里的磁铁并不是天然磁石，而是人工制造的电磁铁，它的制造原理是电流通过绕在铁心周围的线圈把铁磁化，然后制造出来的。不论是天然磁石还是电磁石，都是磁性在起作用。

不要以为只有铁才会被磁性吸引，还有很多物体虽然不会像铁受磁力影响那样明显，但也会受到磁力作用。比如，镍、钴、锰、铂、金、银、铝等，这些金属都会被磁铁吸引，只不过被吸引的力度稍弱。还有一些我们常说的反磁性物体，如：锌、铅、硫、铋等，这

图89　将烛光放在磁力强大的电磁铁两极之
间，烛光会改变形状。

些物体都会受到强大磁性的排斥！

不仅是固体，磁铁的吸引力或者排斥力对液体和气体同样都会起作用，当然了，作用力度会非常弱。只有磁性很强的磁铁才能对这些物质产生引力。比如，磁铁就能吸引纯净的氧气。如果我们把一个装满氧气的肥皂泡放在一个强大的电磁铁两极中间，在看不见的磁力牵引下，肥皂泡会改变形状，在两极中间伸展开来。如图89所示，把烛光放在强大的磁铁两极之间，烛光也会改变自己的形状，明显表现出对磁力作用的敏感性。

什么时候指南针的两端都指向北方

一般情况下，我们会想当然地认为，指南针永远是一端指向北方一端指向南方的。所以，下面这个问题就显得有些荒谬了：指南针在地球上的什么地方时，两端都指向北？

还有一个问题更加荒谬：在地球上的什么地方，指南针的两端都指向南方？

也许读者们会说，地球上根本不存在这种地方。事实并非如此。

有一个现象大家如果还记得，就能猜到上面问题中所问的地方了，那就是地球的磁极与地理上的两极并不一致。将指南针放在地理的南极上的话，它会指向什么方向呢？它的一端肯定会指向附近的那个磁极，而另一端则指向相反的方向。可如果我们从南极出发，不管我们往哪个方向走，都是在往北走，因为在地理南极上到处都是北方，根本没有其他方向。也就是说，在地理上的南极的指南针两端都是指向北方的。

同样的道理，如果把指南针拿到地理的北极，它的两端就都是指向南方了。

看不见的磁力线

图90所演示的有趣画面是根据一张照片绘制的：把一只手臂放在电磁铁的两极上，一根根竖直的铁钉就这样铺满整个手臂。手本身感觉不到任何磁力：无形的磁力线穿过了手臂，作用在铁钉上，铁钉异常顺从地按照一定的顺序排列在了一起。可以从图中看到磁力的方向。

人身上并没有什么器官可以感觉磁性的存在，所以只能借助其他物质来推测磁铁周围磁力的存在，而且还能够用间接的方法发现磁力的分布图。其中，最好的方法就是使用铁屑。把铁屑均匀地撒在一张光滑的厚纸或者玻璃板上。将一块普通磁铁放在这张厚纸或者玻璃板下面。轻轻敲击厚纸或者玻璃板，磁力就能够自由地穿透厚纸或者玻璃板，铁屑就会磁化。在我们抖动时，已经磁化了的铁屑会和厚纸或者玻璃板分开，并且在磁力的作用下移动位置，最后停留在磁针原本应在的位置。铁屑就这样沿着磁力线整齐排列开。这样一来，我们就通过铁屑的排列，清楚地看到原本无形的磁力线的分布了。

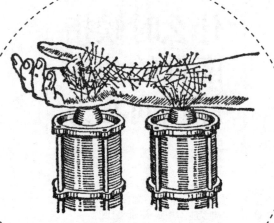

图90　无形的磁力线穿过了手臂。

在纸板上放上铁屑，然后在厚纸板下面放上一块磁铁，抖动纸板，我们

就能够得到 图91 所示的图片了。磁力形成了由很多曲线构成的复杂图形。从图中可以清楚地看到，这些铁屑彼此连在一起，从一个磁极分布开来，在磁铁两极之间形成一些短弧和长弧。通过这些铁屑，我们亲

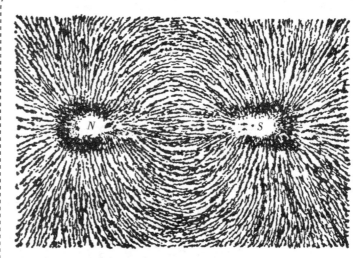

图91 在厚纸板下面放有磁极，纸板上形成的铁屑图形。

眼见证了本来只是物理学家脑中想象的情景，看到了磁铁周围那些原本看不见的东西。而且，我们可以看到，铁屑在越靠近磁极的地方形成的图形线越密集、越清晰；在离磁极越远的地方，铁屑形成的图形线越稀疏、越模糊。这说明随着距离的增加，磁力在逐渐减弱。

钢块如何产生磁性

这个问题经常会被问到，在回答这个问题之前，首先要弄清楚一点：没有磁性的钢块与磁铁到底有什么区别？我们可以把磁化或者尚未磁化的钢块里的每个铁原子都看作一个小磁铁。钢块如果没有被磁化，铁原子的排列就是无序的。所以，每一块小磁铁的作用都会被呈相反方向排列的小

磁铁作用给抵消（图92a）。相反，在磁铁里，所有这些小磁铁的排列都非常有序，同性的磁极全部都朝着一个方向（图92b）。

如果我们用一块磁铁来摩擦钢条，会出现什么样的情况呢？在磁铁引力的作用下，钢条中小磁铁的同性磁极都会转向同一个方向。如图92c所示：开始的时候，钢条里小磁铁的南极都是指向磁铁的北极的。把磁铁移开一段距离之后，小磁铁就会顺着磁铁运动的方向排列，南极就开始朝向钢条的中部了。

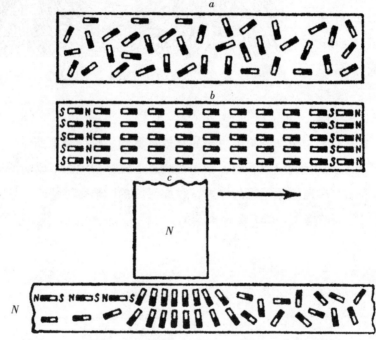

图92　a为未经磁化的钢条中的小磁铁原子的排列形式。
　　　b为经磁化的钢条中的小磁铁原子的排列形式。
　　　c为磁铁和磁极对钢条中的小磁铁原子的作用。

通过上面的分析，我们知道磁铁如何磁化钢条了。我们应该把磁铁的其中一极放在钢条的一端，然后紧紧把磁铁按住，顺着钢条慢慢移动磁铁。这种磁化的方法是最简单也最古老的，只能用来制造一些小型的、磁力比较弱的磁铁。想要制造强力的磁铁，还是要利用电流。

功能强大的电磁铁起重机

在冶金工厂里，我们可以看到功能强大的电磁铁起重机，工人们用它来搬运大型货物。在铸造厂和类似的工厂中，电磁起重机提取和搬运铁块的作用是无可替代的。几十吨重的大铁块或者机器零件不用捆扎，这种磁铁起重机就能搬运，非常方便。同样的，这种起重机还可以搬运铁片、铁丝、铁钉、废铁等材料。这些东西非常零散，搬运起来非常麻烦，但是用电磁起重机就可以直接搬运，不用装箱或者打包。

从图93和图94中可以看到电磁铁的强大功用。要想收集和搬运一堆堆的铁块，非常麻烦。图93中强大的电磁起重机却实现了一次性收集和搬运，节省了大量能量，更简化了工作程序。图94演示的是电磁起重机正在搬运一桶一桶的铁钉。它一次就可以举起6桶！如果一家冶金厂拥有4台电

图93　还在收集、搬运铁片的电磁起重机。

图94　正在一桶一桶搬运铁钉的电磁起重机。

磁起重机，每台一次可以搬运10根铁轨的话，就可以取代200个工人的体力劳动。而且只要起重机电线圈里的电流不断，就不用担心重物会从机器上掉下来。

如果由于某种原因，电流突然中断了，灾难就难以避免了。我在一本技术杂志里曾经看到过这样一个事故："在美国的一家工厂里，电磁起重机正准备把装在车厢里的铁块扔到炉里，尼亚加拉大瀑布的发电厂突然发生了断电事故。这时，巨大的金属块瞬间从电磁铁上脱落了下来，一下子砸到工人的头上。之后，为了避免类似悲剧再次发生，同时也为了节省更多的电能，人们在电磁铁上安装了一种特别的装置。起重机在举起重物之后，就有坚固的钢爪从旁边落下来将重物紧紧扣住，重物也得到了支撑。这样，起重机在搬运时，即使突然停了一会儿电，也没有关系。"

图93和图94中所画的电磁起重机都非常巨大，直径可达1.5米，每台一次可以举起16吨重物，相当于一节火车的重量。一台起重机一昼夜就可以搬运600吨货物。不仅如此，还有一种电磁起重机，一次可以搬运75吨货物，相当于整个机车的重量！

了解了电磁起重机的强大功能之后，也许有的读者会想：如果滚烫的铁块也能用电磁起重机来搬运，该多方便啊！不过非常遗憾，电磁起重机是无法完成这项工作的，因为重物只有在一定的温度范围内才能被起重机吸引，灼热的铁块并没有被磁化。磁铁在加热到800℃以后自身的磁效应就会失去。

磁铁已经被广泛地应用到现代金属加工技术中，被用来稳固和搬运钢、铁，还有铸铁制件等。几百种功能不一的卡盘、工作台，以及其他装置，都已经被制造出来。金属加工的过程被大大简化了，加工速度也提高了很多。

磁力与魔术

有时候，魔术师在设计魔术时也会利用电磁铁效应。想象一下，利用这种看不见的力量，魔术师可以表演出多少精彩的魔术！达里在他的著作《电的应用》中就曾经谈到一位法国魔术师演出时的盛况。对那些不知情的观众而言，这场魔术几乎产生了魔法般的效果。

舞台上放着一个小箱子，箱子上包着铁皮，箱盖上有把手。我说："现在，我要从观众里邀请一位力气大的人。"这时，一位阿拉伯人走了出来，他的身材中等，但是体格看起来非常健硕，像是一位大力士。他走到我身边，看起来勇敢而自信，神态也很轻松。

我从头到脚打量了这位阿拉伯人一番，然后问道："你的力气很大吗？"

"当然，非常大。"阿拉伯人看起来一副自信满满的样子。

"你是不是相信你会一直都像现在这样有力气？"

"是的，我完全相信。"

"不，你错了！我一会儿就能让你失去力气，变得像一个小孩子一样脆弱。"

阿拉伯人轻蔑地笑了笑。看来，他并不相信我的话。

"好吧，你过来一下，"我说道，"现在，请你把箱子举起来。"这个阿拉伯人弯下腰，轻而易举地举起了箱子，有些高傲地问道："是这样吗？"

"请稍等。"我回答说。随后，我做出一脸严肃的表情，

171

做了一个好像命令式的动作，用严肃的声音说道："你现在的力气还没有一位妇女的力气大呢，请你再试试看，能不能把箱子举起来？"

对于我的魔术，这位大力士根本没有放在眼里。他又开始搬箱子了。可这一次问题出现了，箱子好像有了抵抗力。阿拉伯人不管怎么用力，箱子都纹丝不动，就像钉在了地上。这位大力士铆足了劲儿，使出了浑身的力气，还是没有用。他累得直喘粗气，不得不羞愧地停下来。现在，他终于相信魔术的力量了。

其实，这个魔术的奥秘非常简单：这个箱子有一个铁底，它被放在一个磁性强大的电磁铁的磁极上了。没有电流通过的时候，举起箱子轻而易举；一旦把电磁铁的线圈通上电，就算是两三个人，恐怕也别想挪动箱子。

磁力飞行器

在本书开篇提到过一本叫《月球上的国家史》的小说，作者西拉诺·德·贝尔热拉克就曾描写过这样一个有趣的飞行器，它也是利用了磁力原理制作而成。小说的一位主人公就是乘坐这个飞行器飞到了月球。

现在，我引述其中的一部分内容：

我让人制造了一辆非常轻盈的铁车。我登上这辆铁车舒服地坐下之后，就用力把一个磁铁球向上抛去。磁铁球吸引着铁车向上移动。当铁车移动到那个磁球附近的时候，我又重新把铁球继续往上抛。哪怕我只是把磁铁球稍微举起来一点儿，铁车也会被吸引着向上移动，努力向铁球靠近。在我抛了很多次铁球之后，铁车也上升了很多。最后，我来到了那个可以让我降落到月球的地方。此时磁铁球还被我紧紧地握在手里，所以铁车还是紧跟着我，没有离开。

为了能够平稳降落，不至于摔倒，我决定把铁球这样抛出去：当上升到距离月球表面大约200 俄丈 ～300俄丈的时候，我把铁球向着与降落方向垂直的地方抛去。在铁球引力的作用下，铁车开始

> 1 俄丈 ≈ 2.134米

慢慢地降落。直到铁车离月球表面非常接近时，我才从铁车中跳了出来。最后，我轻松地落到了月球的沙地上。

不管是小说作者还是读者，可能没有任何人怀疑过书里所描述的磁力飞行器的效用。其实，我们很多人都知道这个设计根本无法实现，可是我觉得大多数人都无法正确说出其中的原因——是因为人坐在铁车中，不可能往上抛磁铁呢？还是因为铁车根本不受磁铁的吸引？又或者是其他什么原因？现在，我们就来分析一下。

首先，人坐在铁车里可以把磁铁往上抛，而磁铁的磁力如果足够强大，也能够把铁车吸引过去。尽管如此，这个飞行器不管怎样也还是不会往上飞的。

不知道大家是否曾经从船上往岸上抛过重物？有一点很明确，就是抛重物之后，船会往后退，退向河心。在对抛出去的物体施加推力的同时，你的身体肌肉也在向后推着你的身体和船体。这就是我们曾多次讲过的作用力与反作用力。往上抛磁铁的时候，类似的情况也会发生。人坐在车上向上抛磁铁的同时，会不可避免地往下推铁车。而铁球会对铁车产生强大的吸引力，当铁车和磁铁球再次靠近的时候，它们也只是回到了原来的位置而已。显然，即使铁车没有一点儿重量，利用抛磁铁的方法，铁车也只能是围绕某个中心不停地上下摆动而已。所以采用这种方法吸引铁车前进是无法实现的。

由于这位法国作家生活在17世纪中叶，人们当时对作用力与反作用力定律还一无所知，所以对于自己这个设计的不合理性，这位法国讽刺作家也没法解释清楚。

能让物体悬浮在空中吗

有一位工作人员看到，电磁铁在工作时，曾经出现过一个有趣的现象：电磁铁把一个带着短链子的重铁球给吸了起来，因为铁球的链子被固定在了地面上，所以铁球无法跟磁铁完全贴近：铁球与磁铁之间有一掌长的距离。画面真是令人惊叹！一根铁链子就这么毫无支撑地竖直立在地上！磁铁的力量竟然这么大，可以让铁链子一直保持垂直的形态，甚至有个人还吊在了铁链子上面。这种现象再次说明电磁铁的力量十分强大。而且，随着电极与被吸引的物体之间距离增大，磁铁的引力会减小。当一个蹄形磁铁直接接触物体的时候，能够吸引100克重物。但如果在磁铁和这个重物之间放一张纸，磁铁就只能"举起"之前重量的一半了。所以即使油漆能防锈，人们一般也不会在磁铁的两端涂上油漆。

有人在很早的时候就研究过这一现象。1774年，在电磁铁还没有出现时，欧拉就曾在《关于各种物理物质的书信》一书中写下了这句话："靠磁力使物体悬浮似乎也可行，因为有些人造的磁铁已经可以举起100磅的重量了。"

不过这种解释是禁不起推敲的。采用这种方法，也就是利用磁铁的引力，即使能够让物体保持一时的平衡，但只要有一些很小的动荡，哪怕

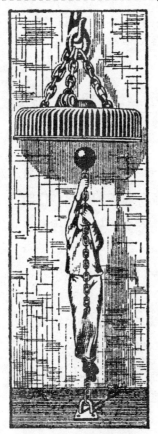

图95 上端挂着重物的
一条竖直的铁链。

只是空气的流动，这个平衡都会被打破。物体要想悬浮，并保持固定不动，实际是无法实现的。这好像让一个圆锥体稳稳地倒立在它的顶点上似的。从理论上，这一现象也解释不通。

不过，我们还是能够利用磁铁制造"悬浮"现象，只是我们利用的是磁铁与物体间的排斥力，而不是吸引力（很多刚学物理的人可能经常会忘记磁铁不但能吸引物体，还能排斥物体）。大家都知道，磁铁是同极相斥的。如果我们有两块已经磁化的铁，将它们同极放在一块、上下重叠时，它们肯定会相互排斥的。上部的那块磁铁如果重量适中，就不会碰到下部的磁铁，而是悬在上空，保持一种平衡状态。而且，如果我们将几根不能磁化的材料做成支柱的话（例如，玻璃），上面那块磁铁就可以做水平运动了。

另外，利用磁铁引力吸引正在运动的物体，也会出现上面的现象。有人根据这个现象设计了一种完全没有摩擦力的电磁铁路。这个设计对学习物理很有帮助。

磁力列车

如图96所示，魏恩贝格尔教授设计了一段铁路。一列车厢在这段铁路上飞奔时，是没有重量的，因为电磁引力把它们的重量都抵消了。按照魏恩贝格尔教授的设计，车厢其实并不是在铁轨上行驶的，也不是在水里游

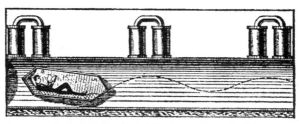

图96　火车车厢在电磁铁路行驶时不会产生摩擦力。这是由魏恩贝格尔教授设计的电磁铁路。

动的，更不是在空中飞翔的——它没有接触任何东西，就这样悬在无形的磁力线上。

知道了这些，读者应该就不会对"任何摩擦力都不会影响这些车厢"这一现象感到奇怪了，因此，一旦车厢进入了运动状态，就会在惯性的作用下，维持自身的速度向前行进，根本不需要火车头的牵引。

这种设计是依靠下面的方式来完成的：

车厢在一个真空的铜管里行驶。因为空气已经被完全抽走了，所以车厢的运动不会受到空气阻力的影响。电磁铁把铜管的管壁固定在空中，火车车厢运动时不会接触到管壁，于是摩擦力也就不存在了。要实现这种效果，每隔一段距离就要在铜管上方放置一个强大的电磁铁。运动的车厢就是依靠这些磁铁的吸引，才不会在半空中掉下来。电磁铁力量的大小取决于实际需要——保证在铜管中运行的车厢始终悬浮在"天花板"与"地板"之间，不会接触到任何一方。奔驰的列车受到电磁铁向上的引力，同时又受到重力的牵引，所以车厢不会接触到天花板。当它好像要落到地板上的时候，又会被下一个电磁铁的引力给吸上去……如此反复，电磁铁会一直吸引着车厢，而车厢就会像行星一样，没有摩擦力的阻碍，也没有推力，沿着一条波状线路在真空中奔驰。

那这列车厢又是什么样的呢？它们就是一些高90厘米、长约2.5米，像一个巨大的雪茄样的圆筒。因为车厢是在真空中运动的，所以它们都是封闭的——类似潜水艇的设计，车厢里也装有自动清洁空气的装置。

另外，这种车厢启动的方法也与普通车厢不同。它的启动恐怕只能用炮弹的发射来比喻说明了。因为这些车厢真的就像炮弹一样，是被"发射"出去的。只不过，这些"炮弹"已经被磁化了。车站是按照螺线管的性质建造的：有电流通过的时候，螺线管的导线会吸引铁芯。螺线管的吸引过程非常快，所以当线圈足够长、电流足够大时，铁芯会获得极高的速度。新式的磁力铁路就是利用这种力量来启动的。因为没有摩擦力，所以车厢会在惯性的作用下一直前进，速度不会改变，直到收到螺线管的命令才会停止。

设计者还提出下面一些细节：

在1911年～1913年，我在托木斯克工艺学院的物理实验室做实验时，用了一根直径为32厘米的铜管。我最终完成了实验。我在铜管的上面装上了电磁铁，将一列小型车厢安装在了铜管下面的支架上。其实，这列车厢只是前后都装着轮子的一节铁管而已。车厢的前面有个"鼻子"，当车厢的"鼻子"撞到了用沙袋支撑的木板时，车厢就会停下来。车厢重10千克，车速可以达到6千米／小时。因为房间和环形管大小的限制（我采用的环形管直径为6.5米），车速不能再高了。不过，在我后来又完成的设计

1俄里≈1.067千米

中，位于出发站上的螺线管有3 俄里 之长，所以车速就很快了，可以很容易达到800千米／小时～1000千米／小时。因为铜管里没有空气的阻力，也没有与地面的摩擦力，所以不需要任何能量，车厢就可以持续行驶。

虽然制造这种电磁铁路的成本很高，特别是选用的金属管耗费很高，但因为车厢运动不需要消耗能量，而且不需要驾驶员和乘务员，所以运行成本非常低，每行驶1000米只需要花费1‰～1%（2%）戈比。而且这种列车的运输量非常大，一条双线道路，不论是运往哪个方向，其一昼夜的运输量都可以达到15000人或10000吨货物。

火星人的神奇"磁力战车"

在古罗马博物学家普林尼所生活的时代，有个故事非常著名，被这位学者记录了下来。故事发生在印度，那里有一座磁铁山，就在一个靠近海岸的地方，磁铁山的引力非常大，可以吸引所有铁质的东西。船只只

要靠近这座山，就肯定会"倒霉"。船上所有的铁钉和螺钉都会被这座山拔去——船会被分解成一块块的木板。

这个故事在后来还被写进了《一千零一夜》。当然，这只是一个传说。现在，我们知道：所谓磁铁山，就是富含磁铁矿的山，这种山是存在的。比如，马格尼托尔斯克就有一座这样的山。不过，这种山的引力非常小，基本可以忽略不计。地球上并不存在普林尼描述的威力巨大的磁铁山。

现在，人们在建造船只的时候，一般都不会用铁制或者钢制的部件。他们倒不是担心有什么磁铁山，而是为了更好地研究地球的磁力。

科普作家库尔特·拉斯维茨曾经设想了一种可怕的战争武器，就是采用了普林尼记录下的故事的物理学原理。在他的小说《两个星球上》里，火星人就利用了这种武器同地球人作战。火星人因为拥有了这种磁铁武器（准确地说是电磁武器），所以根本不用跟地球人面对面开战，在战争开始之前，就解除了地球人的武器。

下面就是这位作家对火星人和地球人之间战争的详细描写：

　　一队优秀的骑兵勇敢地冲了上去。看起来，强大的敌人在地球军队奋不顾身的战斗意志面前，有些退缩了。因为他们的空气战船慢慢地升到了空中，似乎是准备为地球人让路。

　　就在这时，一种黑色的向四面伸展的东西飘落在战场上空。它看起来就像是飘扬着的巨大床单，从四面八方把战船包围起来，然后快速地降落在战场上。我们冲在最前面的骑兵遭殃了——整个团都被这个奇怪的机器遮盖了。这种神秘武器的作用是如此奇怪，又如此令人惊叹。战场上传来了惊心动魄的惨叫声，马匹和骑士们开始成堆地倒在地上，刀剑和马枪布满了天空，全都噼噼啪啪地向一辆"战车"飞去，最后都黏在了车上。

　　随后，这辆"战车"向旁边稍微滑了一下，把自己缴获的铁器全都扔在了地上。接着再飞回来继续缴获我们的武器。就这样来回飞了两次，它差不多已经把地球上所有的武器都缴获了。我们的士兵没有一个人能抓住自己的武器。

　　这个强大的武器就是火星人的新发明：一切钢制的和铁制

的东西都被它吸引过去了，完全不可抗拒。正是依靠这种磁铁武器，火星人夺走了地球人的武器，他们自己却没有受到任何伤害。

这块空中磁铁很快向步兵们逼近，尽管士兵们试图紧紧抓住自己手中的武器，但最终还是无法抗拒它的力量，武器都被夺走了。很多人因为不愿意放开自己的武器，甚至被吸到了半空中。只过了短短几分钟，第一团失去了全部武器。这辆"战车"又继续向前方正在城市中前进的兵团飞去，试图对他们采用同样的战术。接着，炮兵队也失去了武器。

磁力和手表

看上一节内容的时候，很容易产生一个疑问：不能采取什么措施抵挡磁力吗？比如，用某种磁力无法穿透的东西来抵挡。

当然可以。如果事先能够采取适当的措施，就可以阻止火星人的这个发明。

尽管听起来很奇怪，但是磁力不能穿过的物质竟然是易磁化的铁！把指南针放在一个铁制的环里，环外面的磁铁就无法吸引指南针的指针了。

所以，我们可以用铁壳来保护怀表里的钢制零件，使这些零件不受磁力影响。如果我们把一块金表放到一个强烈的马蹄形磁极上，表的所有钢制结构都会被磁化。而首先被磁化的就是摆轮上的游丝，表就走不准了。把磁铁拿走之后，表也是无法恢复正常的，因为表的钢制结构部分已经被磁化，必须经过彻底修理，换上新零件才行。所以，我们最好还是不要用金表来做实验了——花费实在是太大了。

不过，如果一个表的外壳是铁制或者钢制的，就可以大胆拿来做实验了，因为磁性是无法穿过钢和铁的（如图97）。即使把表拿到一个强大的发电机线圈附近，它的准确度都不会受到一点儿影响。对于经常与磁力打交道的电气技工来说，戴这种便宜的表倒是很合适，因为这样的表不会像金表或者银表那样很快被磁化。

图97　为什么钢表不会被磁化？

"磁力永动机"

试图建造"永动机"的众多设想中有很多利用了磁铁的性质。那些不成功的发明者曾多次使用磁铁来制造"永动机"。下面，我们来介绍其中的一种。这个设计是在17世纪由切斯特城的约翰·威尔金斯主教构想的。

图98中的小柱子上有一个磁力强大的磁铁A，在柱子上还倚靠着两根木槽M和N，一根叠放在另一根之上。在M的上端有一个小孔C，而N是弯曲的。如果把一个小铁球B放在M槽上，那么小球会受到磁铁A的吸引，开始往上滚。滚到小孔C处时，小球就会落到N槽上，然后一直滚到N槽的末端。之

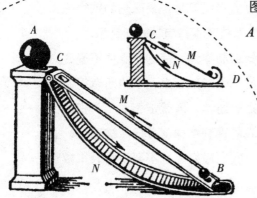

图98　想象的"永动机"示意图。

后，再沿着弯曲处D重新绕上来，又回到M槽上。这时，小球又会在磁铁的作用下，重新上滚，然后再从小孔落下去，下滚；再沿着弯曲处重新回到上槽……就这样开始新一轮的运动。于是，小球就会这样反复不停地前后滚动，最终实现"永恒的运动"。

那这一发明的漏洞在哪儿呢？指出来并不难。发明者为什么会想当然地认为小球B在滚到N槽末端之后，还会继续保持一个速度，使它能够重新绕过D弯再回到M槽呢？假如小球只受到重力的影响，这种情况倒是有可能。因为在重力的作用下，小球会加速往下滚。但是，小球在此处受到了两个力的作用：除了重力还有磁力。而且后一个力很强，能够使小球从位置B滚到位置C。所以小球沿着N槽滚动时，速度会变慢，而不是加速前进。小球即使能滚到N槽的下端，也不可能有一种速度，使它能够绕过D处再往上升了。

后来，人们以各种各样的形式重复进行着实验来验证这个设计。而且令人惊讶的是，在1878年，也就是在能量守恒定律提出30年之后，一个类似的设计竟然在德国取得了专利权。这位发明家高明地掩饰了"永动机"的概念，把颁发专利特许证的技术委员会给迷惑了。按照相关章程，凡是不符合自然规律的发明都没有资格获得专利权，而这一项发明竟然获得了专利。他也是世界上唯一获得"永动机专利权"的人，不过这个幸运儿大概是对自己的发明失望了，两年之后他就不再收取专利税了。这项荒谬的发明也没有了法律效力："发明"变成了公共财产，不过也没有人需要这样的发明。

又一个想象中的"永动机"

有一种设想曾流行于"永动机"的探索者之间：把发电机和电动机结合起来。几乎每年，我都会碰到几个基于这种想法的设计。这些设计的思路相似：用一根传送带把电动机和发

电机的滑轮连接起来。给发电机一个原动力，发电机产生的电流就会传送到电动机，电动机就会运转起来。电动机将动能通过传送带和滑轮传递给发电机。这样，按照发明者的设想，这两台机器就会不断地相互推动，直到机器坏掉为止。

对发明者来说，这个想法具有很大的诱惑力。但是如果真有人试着把这种想法付诸实现，他们就会吃惊地发现：任何一台机器都不会运转。人们根本不能从这个设计中得到任何东西。即使假设这两台机器连在一起时的效率是100%，它们也只有在没有摩擦力的情况下，才会一直保持运动状态。而这两台机器的联合体（发明家称之为"联动机"）实际上就是一台机器，确实是可以不用外部能量介入而自我运转的。假如没有摩擦力，"联动机"和它的每一条滑轮将会永远转动，可是这种持续的运动也无法带来任何好处，因为这个"发动机"只要做一点儿外部工作——不管是什么，就会马上停止运动。这样的话，这样的联动机也只能做永恒的运动而已，绝不是永远的发动机。更何况，上面所说的是在假设没有摩擦力的情况下。在有摩擦力的时候，这样的机器根本连永恒的运动都无法完成。

不过，让人感到奇怪的是，这些发明家竟然没有想到有一种更简单的方法，就是用皮带把两条滑轮直接连在一起，然后用外力转动其中的一条。按照上面的逻辑分析，应当会出现第一条滑轮转动，带动第二条滑轮，而第二条滑轮转动之后又会反过来带动第一条滑轮，如此反复、不断地运动。甚至，这种情况只用一条滑轮也能够实现：转动这条滑轮，滑轮右边的部分就可以把左边的部分带动起来，而左边部分的运动也会成为右边转动的动力。

不管是上面哪种方法，都存在显而易见的荒谬之处：因为不会有人对这样的设计感兴趣。实际上，所有此类的"永动机"所犯的错误都是一样的。

在数学家看来，"几乎永久"这个说法没有任何意义。关于"永久"这个问题，要么是永久，要么就是不永久，而"几乎永久"实际就是不永久。

理论如此，可在现实生活中却不一样。如果拥有这样一台"几乎永久"运动的机器，哪怕它只是能够持久运动上千年，相信很多人也感到很满足了。人的生命很短暂，所以对我们来说，1000年就等于永远了。对现实生活中的人来说，即使能够运动上千年，"永动机"的问题其实也算是解决了，发明家们也不用再费脑筋了。

如果有人告诉这些发明家，已经有人发明出了能持续千年的"永动机"，他们一定会感到非常高兴的。每个人可能都愿意花钱买一台这样的永动机。实际上，这项发明并没有什么秘密可言，它的专利权也不属于任何人。早在1903年，斯特雷特就设计了这种装备，也就是被称为"镭表"的东西。

"镭表"的结构并不复杂（图99）。把一个玻璃罐里的空气全部抽走，在里面放置几毫克的镭，在它的末端再挂上两个小小的金属片。然后，在玻璃罐里，用一根不会导电的石英线B把一个玻璃管A系住。

大家都知道，镭会放射出 α、β、γ

"几乎永久"的"永动机"

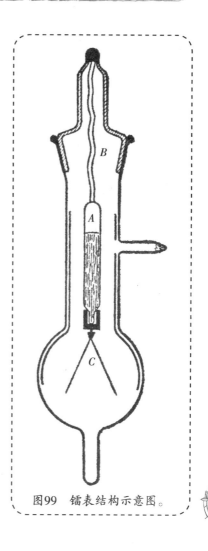

图99　镭表结构示意图。

183

三种射线。而此时，由于β射线能轻松地穿过玻璃，所以由负粒子（电子）组成的β射线在这种情况下能起到非常重要的作用。镭向四周射出的粒子都带负电，而装着镭的大玻璃罐就会慢慢带上正电。随后，这些正电就会传到玻璃罐末端的金属片上，把它们分离开来。在金属片相互分开之后，就会向两边碰到玻璃的内壁（此时，玻璃壁相应的地方都已经被贴上了能够导电的箔条），金属片就会失去自身的电，重新合在一起。新的电流很快又会传来，于是金属片又会再分开，再把电传导给玻璃壁，然后又合在一起，紧接着再次带电……每隔2分钟~3分钟，这两个金属片就会完成一次循环，就好像钟摆的摆动，所以这个装置就获得了"镭表"的称号。只要镭可以放出射线，这样的运动循环就可以一直持续下去——10年、100年，甚至上千年，直到没有射线放出为止。

不过看到这里，读者会发现，我们刚才说的根本不是"永动机"，而是"发动机"，只是这种发动机没什么成本罢了。

那么镭放射的射线能够持续多久呢？根据科学的计算，要经过1600年，镭的放射能力才会减弱一半。所以"镭表"会一刻不停地走上千年。当电子逐渐减少时，摆动幅度也会慢慢变小。

既然如此，能不能利用这样的发动机来做些实际的工作呢？很遗憾，不能。因为这种发动机的功率实在太小了，根本不能带动起任何装置。要想使它发挥一点儿作用，必须使用大量的镭。如果大家还记得的话，镭是一种相当稀有、珍贵的元素，制作这种"无成本"发动机将会非常昂贵，足以令人破产了。

站在高压线上的鸟儿

众所周知，不管是电车上的电线还是高压线，对人体来说都是非常危险的。不光是人，就算是体型庞大的动物，如果不小心碰到了电线，后果也同样不堪设想。我们都听说过牛马不小心碰到断落的电线，被电死了的事。可在城市中，我们又经常能看到鸟儿若无其事地站在电线上的情形。为什么鸟儿就能平安无事呢（图100）？

图100 鸟儿为什么能够安全地站在电线上？

要想弄明白其中的原因，需要先了解这一点：鸟儿的身体停在电线上，就相当于电路的一个分路。这个分路的电阻比另一个分路（也就是位于鸟儿的两脚之间的那段电线）上的电阻要大得多。所以，这个分路的电流很小，根本不会伤害到鸟儿。但是，只要停在电线上的鸟儿以任何一种方式和地面接触，比如，翅膀、尾巴，或者小嘴碰到了电线杆，电流都会通过它的身体流到地里，鸟儿瞬间就会被电死。这种情况非常常见。

鸟儿停在高压电线杆上的时候，经常会在电线上磨嘴。因为电线杆、托架都是连接到地面的，所以一旦鸟儿身体的其他部分碰到了有电流的电线，就会触电身亡。由于经常有鸟儿被电死，德国就采取了一些特别的保护措施：他们把绝缘的架子装在高压线的托架上，让鸟儿可以停在这种架子上，即使鸟儿在电线上磨嘴也不会有危险（图101）。另外，在一些危险的地方

图101 在高压电线的托架上为鸟儿安装的保护装置。

也安装了特别的装置，这样鸟儿就不会再遇到触电的危险了。

高压电网发展非常迅速，为了林业和农业的现实需要，也为了保护飞禽，我们确实需要想方设法避免类似的事件。

被闪电"冻结"的景象

雷雨天气的闪电光线短促，但却可以把城市的街道都照亮，不知道大家是否见过这种景象？如果你见过的话，肯定会注意到这样一个特别的现象：刚刚还十分嘈杂的街道，就好像一下子 "冻结"了似的。马儿四蹄悬空，静止在奔跑的姿势；车辆也停下不动了，可以清楚地看到车轮上的辐条……

之所以会出现这种好像静止的景象，是因为闪电持续的时间非常短暂。和所有的电火花一样，普通的方法根本无法测量闪电持续的时间。不过还是有人用间接的方法测出了这个时间。有些时候，闪电持续的时间只有千分之几秒。（也有些闪电的持续时间比较长，会达到1‰秒，甚至 $\frac{1}{10}$ 秒。另外，还有一种连续的闪电，一道接一道连着几十道，时间可以持续1.5秒。）时间如此之短，我们的肉眼基本是无法察觉物体移动的位置的。所以，当闪电照耀街道时，热闹的街道好像完全静止了。要知道，在这一瞬间，我们看到物体的时间连1‰秒都不到！即使是汽车车轮上的辐条，在这样短的时间里，移动的距离也只有几万分之一毫米而已。在肉眼看来，它和静止根本没有差别。

在远古时代，闪电被人们视作神明。对那时的人来说，提出这样的问题实在是大不敬。但在今天，电能已经成为一种商品，可以进行测量和估价，所以关于闪电价格的问题是非常有意义的。我们需要解答的问题是：

闪电价值几何

闪电在放电的时候需要消耗多少电能？如果参照照明电的价格来计算的话，这些电能值多少钱？以下就是解题方法。

雷电放出的电压是50000000伏特，而电流大约是200000安培。这个数字是根据电流磁化铁心的程度计算得出的。而电流是指在打雷的时候，雷电通过避雷针进入线圈的那一部分电流。用伏特数乘以安培数可以得出瓦特数。但还要注意一点，电压在放电的时候会降为零，所以我们在计算电能的时候，要使用平均电压，也就是最初电压的一半。

由此我们可以算出：电功率大小为：

（50000000×200000）÷2=5000000000000（瓦特）

换算成千瓦的话就是：5000000000千瓦。

看到以这么多个零结尾的数字，大家一定会想，闪电一定值很多钱！实际上，这些电能如果用电费通知单里的千瓦时单位来表示的话，得到的数目并没有这么大。闪电持续的时间极短，不过1‰秒。在这段时间里，消耗的电能是5000000000÷（3600×1000）=1400千瓦时。1度电等于1千瓦时，那么按照每度电4戈比（俄国货币）的价格来计算的话，很容易就可以算出闪电的价格：

1400×4=5600（戈比）=56（卢布）

结果真是令人吃惊：闪电的功率是炮弹的100多倍，价值却只有56卢布。

187

更有意思的是，现代电工技术已经非常发达，几乎可以制造闪电了。在实验室里，我们可以得到1千万瓦的闪电。另外，这种闪电的长度是15米，它能达到的距离并不长。

小型"人造雷雨"

用一个橡皮管就可以在家里制作一个小型喷泉：

把橡皮管的一端放到一个高处的水桶里，或者套在自来水的水龙头上。

橡皮管的出水口一定要非常小，这样形成的喷泉水才会呈现细流的状态。要实现这个效果，可以在橡皮管出水的那一头扎一根没有铅芯的铅笔。为了方便起见，还可以把一个倒置的漏斗套在水管出水的那一头。

把喷泉放在半米的高度，让水流竖直地向上流，然后把一个用绒布反复擦拭过的火漆棒或硬橡胶梳子放到喷泉附近。你就会看到喷泉向下喷射，部分的水流本来是细细的，此刻却汇成了一股大水流。水流跌落到下面的容器里，会发出巨大的声响。这种声响和雷雨的声音很像。物理学家博伊斯说："可以非常确定地说，正是因为这个原因，在雷雨天的时候，雨点会格外大。"一旦把火漆棒移走，喷泉马上又会变回细流的状态，雷雨的声响也会消失，变回细流柔和的声音。

在不明就里的人面前，你可以用火漆棒来指挥水流，就像魔术家使用"魔棒"一样神奇。

图102　小型的人造雷雨。

我们可以这样解释电流对喷泉的作用：水在流出来的时候已经生电，而且朝向火漆棒的水滴带的是正电，相反方向的水滴带的是负电。如此一来，当水滴里面不同的带电部分相互接近的时候，自然就会因相互吸引而结合，形成大的水滴。

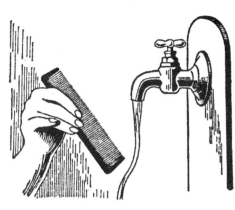

图103　当带有电荷的梳子靠近水流的时候，水流会偏向梳子这一边。

我们还可以用更简单的方法观察水对电流的作用：拿一把刚刚梳过头的硬橡胶梳子，把它放到细细的水流旁边，水流就会变得很密集，而且会明显地偏向梳子这一边（图103）。出现这种现象和在电荷作用下物体表面的张力会发生改变，具有一定的关系。

摩擦生电的道理同样可以解释在皮带转盘上转动的传动皮带起电的现象。在一些生产部门，传送皮带产生的电火花甚至会引起火灾。为了保证安全，设计人员会把一层薄薄的银涂在传动皮带上，这样传动皮带就可以导电，电荷就无法形成电火花了。

Chapter 9
反射、折射与视觉

5个人像的照片

有一种拍摄方法可以使一张照片上呈现一个人的5种影像。如图104所示，一张照片上可以看到一个人的5种姿势。与普通照片相比，这种照片的一个优势就是可以把照片中的人物特征更全面地展现出来。而摄影师最关心的就是人物脸部特征的表现。在这种照片中，人脸能够以更多的姿态表现，摄影师就可以从中识别出最有特色的部分。

图104　在一张照片中，一个人的5种影像。

这种照片是怎么拍出来的呢？如图105所示，是用镜子拍出来的。让被拍摄的人背对着相机A坐着，面朝两面竖直的平面镜CC。CC之间所成的角度是360°的$\frac{1}{5}$，也就是72°。这两面镜子能够反射得出4个人像。于是，相

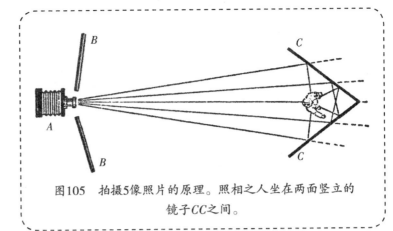

图105　拍摄5像照片的原理。照相之人坐在两面竖立的镜子CC之间。

机就能得到4种姿势。再加上真实的人像，相机就拍摄到了5个人像。因为镜子没有镜框，所以不会拍到它。同时为了防止镜子中出现照相机的影子，需要把两张幕布BB放到相机之前，并在中间留个空隙放镜头。

　　镜子间角度的大小决定了成像数量的多少。角度越小，成像数量越多。当角度为90°时，可以得到4个影像；当角度为60°时，成像是6个；角度为45°时，成像为8个……不过，需要注意的是：成像越多，效果越差。所以，摄影师一般只拍摄5个人像的照片。

如何高效利用太阳能

　　有一种想法很吸引人，就是用太阳能来加热发动机的锅炉。人们已经精确地计算出在太阳的照射下，与日光垂直的大气外层每平方厘米每分钟获得的能量了。这个数值是固定的，被称为"太阳常数"。

　　"太阳常数"的数值为每分钟每平方厘米2卡。

　　不过太阳的热量并不能全部到达地球，大约每2卡的热量中有半卡会被大气吸收。所以，在太阳直射下的地球表面，每分钟每平方厘米地球表面获得的热量约为1.4卡，也就是每分钟每平方米获得14000卡（14千卡）的热量，而每秒钟每平方米可以获得0.25千卡的热量。由于1千卡大约相当

193

于4.18焦，所以日光每秒垂直照到1平方米的地面上可以提供大约1焦耳的能。

只有当阳光垂直照射，而且100%转化为功的时候，太阳辐射才能做这么多的功。不过，太阳能的实际利用率根本达不到，效率还不到5%。20世纪早期，最有效能的阿博特太阳能发动机的利用率最高能达到15%。

将太阳的热能转化为机械能的利用率不高，但用来加热却比较容易。比如，太阳能热水器就是一种非常普遍且利用率很高的太阳能装置，它能为家庭、浴室、旅馆、工厂等，提供热水。在夏季，太阳能作用下的水温可以达到50℃。而且太阳能热水器的构造简单，制作成本低廉。在北纬45°至南纬45°间的城乡地区非常适合推广（图106）。因为这一区域的日照时间长，每年超过2000个小时。

目前，全世界至少有几百万台太阳能热水器在工作。

此外，还有可以用来蒸煮食物的太阳能太阳灶、可以用来干燥农副产品的太阳能干燥器。在广大农村，特别是燃料匮乏的地方，太阳能源的应用潜力很大。

图106　在屋顶上安装的太阳能热水器。

在一些干旱的沿海、海岛地区，以及内陆咸水地区，人们可以使用太阳能蒸馏器转化制造淡水。另外，在一些现代化建筑的设计中，工程师们正努力研制太阳能取暖装置。

柳德米拉的 "隐身帽"

有这样一则古代传说：有一顶神奇的帽子。谁戴上它，谁就可以隐身。普希金在他的著作《鲁斯兰和柳德米拉》中，生动地描述了这个古老的传说：

姑娘突然冒出一个念头，

戴一戴黑海神的帽子……

帽子被柳德米拉转来转去，

一会儿卡到眉毛上，一会儿歪着戴，后来干脆倒着戴。

怎么了？啊，古代的奇迹显灵了！

姑娘在镜子里消失了；

摘帽子，

镜子还是原来那个柳德米拉；

戴上帽子，又不见了！

"太棒了！魔法师！走着瞧吧！

这下我在这里就安全了……"

现在，柳德米拉拥有了隐身能力。这是她被俘虏后唯一的"护身术"。在隐身帽的掩护下，她成功躲开了卫兵的监视。卫兵们根本看不到她，只能根据柳德米拉的动作来判断她是不是在。这个看不见的女俘虏在不在、在哪里，士兵们只能看到她稍纵即逝的痕迹：一会儿，枝头上发出声响，金灿灿的果实被人摘了；一会儿，草地被人踩了，落下一滴滴清澈的泉水，城堡的人都知道，这是公主在解渴充饥……等到夜色消散，柳德米拉又走到瀑布边，用冰冷的池水洗脸。有一天清晨，小矮人还从自己的房间里看到，瀑布被一只看不见的手拍得水花四溅。

现在，很多古老的梦想已经实现了，很多神话中的幻想都变成了"科学财富"。穿过高山、抓住闪电、乘着飞毯……难道就不能制作一个隐身帽，

让别人发现不了自己？下面，我们就来说一说这个问题。

威尔斯的《隐身人》

威尔斯曾试图通过小说《隐身人》来说服读者，隐身是完全可能的。他小说中的主人公是一位世界上独一无二的天才物理学家。这位物理学家发明了一种让人隐身的方法。他向一位熟悉的医生讲述了这个发明的原理：

物体对光的反射决定了物体的可见度，而物体对光线不是吸收就是反射，或者两者都有。那么，如果物体既不吸收光线也不反射光线，不就看不到了吗？比如，你看到了一个不透明的箱子是红色的，是因为一部分光被这种颜色吸收了，而其余红色的光被反射到你眼中了。如果箱子将光线全部反射，一点儿都不吸收的话，你看到的箱子就是透明的了。白银就是这样的。而钻石也几乎不吸收光线，大部分表面也不反射光线，只在部分表面发生光的反射或折射，所以你看到的钻石是光彩夺目的透明体。而一块玻璃不会像钻石那样闪亮、清晰，是因为玻璃的反射度和折射度都比不上钻石。这下你明白了吧！从某个角度来看的时候，你可以透过玻璃看得很清楚。而且有一些特殊的玻璃比一般的玻璃看得更清楚。比如，铅玻璃，它就比普通玻璃明亮得多。在微弱的光线下，很难看见普通玻璃制成的盒子，因为它几乎不吸收光线，而且被反射和折射的光线也很少。把一块普通的白玻璃放到水里，特别是放到密度比水大的液体里，就几乎看不见它了。因为当光线经过水再到达玻璃时，只受到了一点儿影响，几乎没有发生折射或反射，所以玻璃就像空气中的一小股氢气或煤气那样没有了踪迹。

"没错。"开普医生说。

"很容易理解，就连一个小学生都懂得其中的道理。"

还有一个事实连小学生都明白：如果一块玻璃被打得粉碎，在空气中你能看得很清楚。因为玻璃变成了不透明的粉末，反射面和折射面变多了。一块玻璃只有两个面，变成粉末后，每个微粒都可以折射或反射，光线几乎无法穿过粉末。不过这些白色的玻璃粉末一放到水里，你就马上看不见它了。因为玻璃粉末的折射率与水差不多，所以当光线从一个微粒投射到另一个微粒时，很少发生折射或反射。

如果你把玻璃也放到一种与其折射率相近的液体里，你就看不到玻璃了。只要把一个透明的物体放到同一折射率的媒介中，就看不到这个物体了。所以很容易就能想到：如果把玻璃粉末的折射率变得和空气一样，光线从玻璃粉末进入空气时，就不会发生折射或反射，玻璃粉末就看不见了。如果用一堵可以均匀散射光线的墙把一个透明的物体围绕起来，这个物体就完全看不到了。这时候，如果你通过旁边的一个小洞往里看，这个物体各个点到达你眼睛上的光，和这个物体完全不存在时到达的光是一样多的，不会有任何的闪光或影子可以让你看出这个物体的存在。

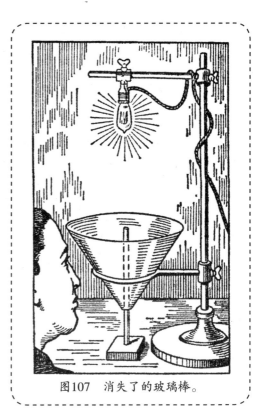

图107　消失了的玻璃棒。

实验做法如下：用白色厚纸片做一个漏斗，直径为半米，如图107所示。现在，把漏斗放在远离灯泡的地方。用一根玻

璃棒从漏斗下面插进去，尽可能垂直下插，因为插得不直的话，玻璃棒就会显得中间黑边缘亮，或者相反。稍微变动一下玻璃棒的位置，这两种照明效果就会从一种变成另一种。实验多次之后，玻璃棒的照明才会十分均匀。如果你这时候凑在侧面一个不到1厘米宽的小洞往里看的话，根本不会看到玻璃棒。在这样的实验条件下，虽然玻璃物体和空气的折射度不同，但玻璃制品还是可以隐身的。

"是这样的，"开普说，"可人并不是玻璃粉末呀！"

"不错，"格里芬说，"人身体的光密度要大得多。"

"胡说！"

"这是一个自然科学家应该说的话吗？这10年里，你把物理学都忘得一干二净了吗？想一想那些看起来是透明的实际却并非如此的物体吧！就比如，用透明纤维做成了纸，可纸却是白色不透明的，其原因就和玻璃粉末一样！如果在白纸上抹上一层油，油就会把白纸分子间的空隙填上，情况就变了。这时，白纸除了表面，其他位置不会发生折射或反射，就变得和玻璃一样透明了。开普，不只是纸是这样，棉、麻、羊毛、木头、骨头等这些东西的纤维，还有人的肌肉、毛发、指甲、神经，以及所有组成人体的纤维，除了血液里的血红素和毛发中的黑色素，都是由无色透明的细胞组成的——因为它们极其微小，所以我们才能看到它们。有一个事实也可以验证这种说法：身体无毛、缺乏色素的白化病动物，几乎就是透明的。1934年，一位动物学家就在儿童村找到过一只患有白化病的青蛙。他是这样描述这只青蛙的：透过薄薄的皮肤和肌肉，能看到青蛙体内的器官和骨骼……甚至，可以清楚看到青蛙的心脏和肠道的蠕动。"

这位小说的主人公发明的方法，把人体的所有组织色素都变成透明的了。他还把自己的发明成功地用到了自己身上，他变成了一个隐身人。现在，我们就来说一说这个隐身人的命运。

隐身人的巨大威力

《隐身人》的作者用严密的逻辑说明了一个人一旦变成了隐身人，就拥有了无限的威力。他可以毫无顾忌地进入任何一个房间，拿走任何东西，也不会被发现。因为别人无法抓到他，所以他和整支武装部队作战也不会输掉。隐身人还可以用无法躲避的惩罚来威胁那些普通人，从而把整个城市都管制起来。

隐身人不会被抓住，也不会受到伤害，自己还能威胁到别人。不管普通人用什么办法保护自己，总是能被隐身人找到并伤害。这位作家笔下的主人公就有这种优势，所以他可以向城市里受他威胁的人发出命令：

城市已经不再属于女皇陛下了，它现在属于我——恐怖！今天是一个新纪元——隐身人时代的第一天。我是隐身人一世。现在，我的统治是相对宽松的。但为了提醒你们，在这个第一天，我将处死一个人，今天就是他的死期了，这个人名叫开普。他可以把自己藏起来，关起来，想各种方法躲避伤害。只要他愿意，还可以穿上钢盔铁甲。但是，看不见的死亡即将来临。让他做好准备，也为了让我的人民牢牢记住。死神将在午时降临，好戏就要开始了！谁也别想帮助他，否则死亡也会降临到你的头上。

就这样，隐身人在开始时取得了胜利，但最终，遭受了严重威胁的居民付出了巨大的努力，打败了这位妄图称王的隐身人。

透明标本实验与"隐身人"

《隐身人》这部小说里的物理学解释是否站得住脚呢？完全站得住。在透明的环境中，要想让所有透明的物体不可见，只要满足折射率之差小于0.05就可以。在小说《隐身人》出版10年之后，德国有一位解剖学家实践了这个想法——当然实验的对象不是活物，而是标本。现在，在很多博物馆里，都可以看到动物各个部分或者整个动物的透明标本。

1911年，这位教授发明了制作透明标本的方法：把标本漂白和洗净之后，放到水杨酸甲酯（一种折射作用很强的无色液体）中浸泡。教授采用这种方法把老鼠、鱼，还有人体各部位的标本制作出来，再放到装有同样溶液的容器里去。

当然，这些标本不能做成完全透明的，否则就看不到了，这对动物解剖学家来说没什么好处。不过只要他们愿意，是可以做出完全透明的标本的。

但是，想把一个活人变成透明的或者完全隐身的程度——威尔斯的幻想，还是很难实现的。

首先，要把人体浸泡在具有透明作用的溶液里，又不会伤害到人体组织。

其次，标本是透明的，但又是可见的。只有放到相应折射率的溶液里的时候，人们才会看不见它。在空气中的标本要想隐身，只有当标本和空气的折射率相当的时候，才有可能实现。现在，我们还不知道怎样做到这一点。

不过如果我们有一天真的做到了上面两点，这位英国作家的梦想就会实现。

作家周密地设计了小说中的一切，所以大家会不自觉地相信他写的内容。好像现实生活中真有这样的隐身人一样。但是事实并非如此，作家忽略了一个小细节，下面我们来讲一下。

隐身人能看见东西吗

如果威尔斯在写小说之前，也有这样的疑问，也许他就写不出《隐身人》这样精彩的故事了。

可实际上，这一点就足以打破关于隐身人的幻想。隐身人应该是个瞎子！

小说主人公为什么看不见呢？因为他身体所有的部分，当然也包括眼睛，都是透明的，所以眼睛的折射率与空气是相同的。

而我们眼睛的功能是这样的：晶状体、玻璃体和其他部分对光线产生折射，外界物体的像才能够在视网膜上出现。如果眼睛和空气的折射率相同，就不会发生折射。光线从两种折射率相同的介质中间穿过时，是不会改变方向的，所以也不会汇聚到一点。光线直接进入到隐身人的眼睛中，没有折射。隐身人的眼睛里没有颜色，所以光线也不会停留在眼睛里。因此，隐身人的眼睛里没有成任何像。

所以，隐身人什么都看不见。他所有的优势都是无用的。这位妄图称王的可怕之人其实只能流落街头，求人施舍，而这也不可能，因为别人根本看不到他。这位最有威力的人只能成为一个无用武之地、处境悲惨的废人。

可见，按照威尔斯的方法，寻找"隐身帽"也是没用的。即使找到了，人们也无法达到任何目的。也许，这位小说家是有意疏忽的。威尔斯写幻想小说时通常会用大量真实的细节掩盖这些根本的缺陷。在这本小说的美国版本里，作者曾在序言里提到这一点。

天然保护色

可以采用另外一种途径解决"隐形帽"的问题：物体涂上相应的颜色后，眼睛就看不到它了。这种方法一直被大自然所利用，很多生物都穿上了保护色，这样可以不受天敌的伤害，或者可以改善它们的生存环境。

从达尔文时代起，动物学家就把军事上所说的草绿色称为保护色或者掩护色。动物世界有成千上万保护色的例子，大家随时都能碰到。大多数生活在沙漠里的动物，身体都是微黄的"沙漠色"，狮子、小鸟、蜥蜴、蜘蛛、爬虫等的身体也会是这种颜色。而生活在北极的动物，不管是北极熊，还是对人没有威胁的海鸟，它们的身体都是白色的。因此，在雪地上时，它们很难被发现。生活在树皮上的蝴蝶、蛾子、毛毛虫等，它们身体的颜色也接近树皮色。

因为自然界给昆虫都穿上了保护色，所以想要找到并捕捉它们，并不容易。你可以抓一只在草地上乱叫的绿色蚱蜢试一试，你会发现自己根本很难在绿色的草地上发现它们。

水生动物也是这样。一些生活在褐色藻类中的海洋生物，它们拥有的保护色是褐色，人眼是很难看到它们的。生活在红色海藻里的生物，它们主要的保护色就是红色。银色的鱼鳞也有着保护作用，它可以保护鱼类不受空中飞禽的伤害，也不受水下大鱼的袭击。因为不管从空中往水下看，还是从水下往水上看，水面都呈现出镜子的模样，鱼鳞的颜色同这种银色背景刚好融合在一起。除此之外，还有水母，以及很多生活在水里的透明动物，比如，蠕虫、虾类、软体动物等，它们的保护色就是无色透明的。在无色透明的环境中，敌人是看不见它们的。

在保护色这方面，大自然的创造力远远超过了人类。许多动物还能根据环境改变保护色。比如银鼠，每年春天，它们都会换上一身红褐色的皮毛，和雪融化后的土壤的颜色是一致的。到了冬季，它又会换上雪白的冬衣。

人们借用了万能的大自然创造的"保护色技术"，让身体能够与周围环境融合在一起而不被发现。在以前，战场上的军装色彩艳丽，现在这种军装已经被淘汰了。常见的具有保护作用的单色军装取代了它们。现

用保护色伪装

在，军舰的灰色钢甲也是保护色的一种应用。在海洋背景下，人们很难发现军舰。

"战术伪装"也是出于隐蔽的需要：把防御工程、大炮坦克、兵舰伪装起来，或者用人造烟雾掩藏起来，都可以迷惑敌人。部队营地也会用一种特殊的网进行隐蔽，并在网眼里编上一丛丛的绿草，战士们也要穿上绿色的军装。

保护伪装色也广泛应用于现代军用航空领域。

根据地面色彩的不同，把飞机涂上褐色、暗绿色或紫色，从上空观察，就很难把飞机同地面区分开。飞机底部则用浅蓝色、浅玫瑰色或者白色来伪装。这样能与天空的颜色相近，就可以迷惑地面的观察者了。在740米的高空，就很难分辨出这些颜色了。而到达3000米的高空时，就根本看不到这样伪装的飞机了。而夜间使用的轰炸机则涂成黑色。

一种能够反射背景的镜面可以适用于各种环境的伪装。物体有了这样的

外表，就会自动变成周围环境的颜色。在远处，几乎无法分辨出它们。第一次世界大战时，德国人就曾使用过这种技术：他们在飞艇表面装上发光的铝，反射出天空和云彩影像。在飞行的时候如果不是因为有马达声，这些飞艇是很难被发现的。

所以，大自然和军事上都实现了传说里"隐形帽"的梦想。

我们能像鱼一样，在水下看清东西吗

如果在水下，你可以睁着眼睛随意看，你能看见什么呢？

因为水是透明的，所以人的眼睛在水下似乎应该和在空气里是一样的，没有什么东西阻拦。可是大家还记得吗？"隐形人"之所以看不见，就是因为他的眼睛和空气折射率是相同的。而我们在水下和"隐形人"在空气中的情形几乎是一样的。通过解读以下这些数字，我们会更容易理解这一情况。水的折射率是1.34，人眼的各种透明物质的折射率是：

角膜和玻璃体：1.34

晶状体：1.43

水状液：1.34

其中，只有晶状体的折射率比水大0.1，其他部位和水的折射率是一样的。所以，在水下的时候，光线只能在人的视网膜后很远的地方形成焦点。也就是说，视网膜上的成像会非常模糊，人眼很难看清楚。这时候，只有非常近视的人才能相对正常地看到物体。

所以，要想在水底下看清楚物体，可以戴一副高度数的近视镜（凹透镜）。这样的话，光线折射到眼睛里后，会在视网膜后很远的地方聚焦，否则所有东西看起来都是模糊的。

那么，想要在水下看清楚东西，能否借助于折射率很强的眼镜呢？

普通眼镜的镜片是没什么效用的，因为普通玻璃的折射率是1.5，比水的折射率只大一点点，在水下的折射能力很小。所以，我们需要一种折射率很强的特殊玻璃，也就是铅化玻璃。它的折射率几乎达到了2。借助于铅化玻璃眼镜，在水下就能看清楚一点儿了。稍后，我们就会讲到这种潜水用的眼镜。

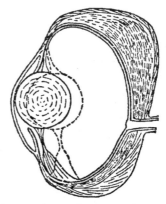

图108　鱼眼结构剖面图。鱼眼是球形的晶状体。在对着光的时候它并不会改变形状，但是位置会改变（虚线位置）。

现在，我们就能理解为什么鱼眼特别凸出了。如 图108 所示，鱼眼的晶状体是球形的，鱼是我们所知的动物眼睛中折射率最大的物种。否则，鱼类生活在折射能力很强的环境里，它们的眼睛就没什么用了。

潜水员的特制眼镜

既然在水里的时候，我们的眼睛几乎不折射光线，为什么潜水员在穿了潜水服之后就能看见了呢？他们戴的面具也不是凸玻璃，只是普通的玻璃而已。在凡尔纳的小说里乘坐"鹦鹉螺"号的几位乘客，透过潜水艇的窗户能否欣赏到水下世界呢？

这个问题不难回答。在没有戴潜水面具的时候，眼睛是与水直接接触的。戴上了潜水面具（或者坐在"鹦鹉螺"号的船舱里）之后，在眼睛和水之间间隔了一层玻璃和空气。这样，情况就变了，光线透过玻

205

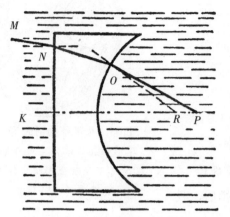

图109 潜水员使用的空心平面透镜。光线MN投射到镜面，沿着MNOP方向前进。这种透镜就像一个聚透镜。

璃，进入空气，然后才进入眼睛（图109）。依据光学原理，光线从水里以任何一个角度射到一块平玻璃上，在离开后都不会改变方向。但是光线从空气进入眼睛的时候，会发生折射——此时，眼睛就能和在陆地上一样看到东西了。解答这个疑问的关键就在这里。我们可以清楚地看到在鱼缸里游动的鱼，就很好地说明了这一点。

玻璃透镜在水中的神奇特性

有这样一个简单的实验，不知道大家是否做过：把一个放大镜（双凸透镜）放到水里，透过它去看水里的东西。试试看吧！你会对意外的结果感到吃惊的。在水里，放大镜几乎发挥不了任何作用！同样的，把缩小镜（双凹透镜）放到水里，它也无法缩小了。如果你不是在水里进行这个实验，而是在植物油（例如，松子油）中进行这个实验（这种油比玻璃的折射率要大），那么放大镜反而会缩小物体，而缩小镜则会放大物体。

回想一下光的折射原理，你就不会对这个怪现象感到吃惊了。因为玻璃比周围空气的折射率要大，所以放大镜在空气中才能放大物体。而玻璃和水的折射率差不多，把玻璃透镜放到水里，光线从水进入玻璃时，就不会有很大偏折。所以，放大镜在水里的放大功能比在空气里要小很多，缩小镜的缩小功能也会变小。

植物油比玻璃的折射率大，所以放大镜在这种液体里时会把物体缩小，而缩小镜会把物体放大。空心透镜（也许称之为"空气透镜"更准确）在水里的功能也是一样的：凹镜放大物体，凸镜缩小物体。潜水员使用的就是空心透镜。

缺乏经验的游泳者常常遇到的危险

对于很多没有经验的游泳者而言，他们正是因为不清楚光的折射原理，所以才会常常遭遇危险。因为光的折射使水里物体的位置看起来都抬高了，所以在人眼看来，池塘、溪流还有蓄水池的底部都显得比真实的深度要浅 $\frac{1}{3}$ 左右。如果游泳者把这种假象当真了，就有可能发生危险。特别是孩子和身材不高的人，如果错误地判断了深度，可能就会有生命危险。

光的折射定律还可以解释一半浸在水里的茶勺为什么看起来是折断的，因为容器底部看起来好像升高了（图110）。

可以做一个小实验来验证一下。在桌子上放两个茶杯，让同学们坐

图110　一半浸在水里的茶勺，
看起来就像折断了。

在看不到面前茶杯的底部的位置（图111）。把一枚硬币放到茶杯底部。因为被茶杯壁挡着，所以同学们是看不到这枚硬币

图111　茶杯与硬币实验。

的。让大家仔细观察茶杯，他们马上会发现，出乎意料的事情发生——他们居然能看到硬币了！倒掉茶杯里的水，茶杯底和硬币又重新沉下去了。

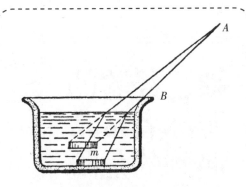

图112　为什么在上个实验中硬币好像被抬高了似的？

图112就解释了这种现象。在观察者（他的眼睛在水面上的*A*点）看来，盆底*m*好像升高了。因为光线在从水中进入空气时发生了折射，再进入人眼，眼睛会误以为*m*是在这两条线的延长线上。光线倾斜得越厉害，*m*点就会抬得越高。当我们坐在小船上，向下看平坦的池底时，经常也会认为池塘的最深处就在我们正下方，而距离我们越远的地方深度越浅，也是这个原因。

所以，在我们看来，池底是凹形的。相反，如果从水底来看，我们会觉得横跨河面的桥是凸形的（如图113所示，我们以后会讲到这张照片是怎样拍摄出来的）。这时，光线是从空气中进入水中，结果自然就与光线从水中进入空气时相反了。同样的道理，在鱼的眼里，站在鱼缸前的一排

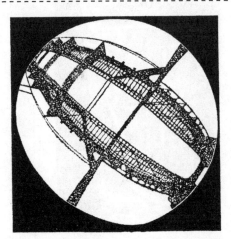

图113　从水底向上看，人们眼中横跨河面的铁路桥是这个样子的。

人，并不是笔直排列的，而是呈弧形的，而且是凸向鱼的。至于鱼是怎么看见人的，也就是它们的眼睛怎么像人眼那样看到东西的，我们会在下文中进行详细解说。

从视野中消失的别针

把一根别针插在一块平的圆形软木上。然后，让软木块浮在水盆里，别针向下。如果软木块足够宽，那么不管你从什么角度看，都是看不到别针的——尽管它看起来好像很长，不至于会让软木块遮住视线（图114）。可是，我们的眼睛为什么收不到别针射出的光线呢？

因为这些光线发生了物理学上称为"全反射"的现象。

图115显示了光从水中进入到空气中（光线从折射率较大的介质进入到折射率较小的介质，路线基本都是这样）的路线和相反的路线。从空气进入水中时，光线会离"法线"比较

图114 别针实验示意图。

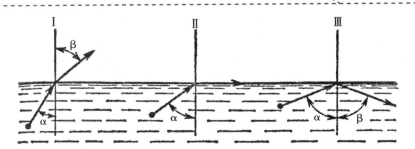

图115 图Ⅰ：光线从水中射入空气的折射情况示意图。图Ⅱ：光线和水面相交时，它与法线之间的角度等于临界角，光线从水中射出后，沿着水面方向射出。图Ⅲ：全反射情况。

近。例如，当光线和法线成 β 角时，光线在进入水中后，会沿着比 β 角小的 α 角方向前进（图115 I ）。

如果光线是沿着与法线相近的线路呈直角射到水面上的话，情况又是如何？光线射入水的角度要小于直角，而且是不可能大于48.5° 的。对于水来说，48.5° 就是临界角。我们只有先弄清了这些简单的关系，才能理解后面那些神奇又有趣的光折射现象。

现在，我们理解了，光线在以所有可能的角度进入水里后，都会汇集在一个狭窄的圆锥体里，圆锥体的顶角是48.5° +48.5° =97° 。我们再来看一下光线从水中进入空气的情况（图116 ）。

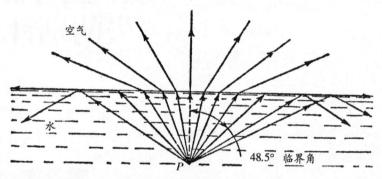

图116　当从P点射出的光线与法线之间的夹度大于临界角（水的临界角是48.5° ）
时，光线是无法从水中射入空气中的，而是发生全反射现象。

依据光学原理，光线的路线将和上面介绍的一样。97° 圆锥体里面的所有光线，在进入空气时，会沿着水面上180° 的空间，从不同的角度分散开。

那么，圆锥体之外的光线去哪儿了呢？它们根本走不出水面，被像镜子一样的水面全部反射回去了。总的来说，当水下光线与水面相遇角度大于临界角48.5° 时，就不会发生折射，只会发生反射了。在物理学上，这个现象被称为" 全反射 "。

> 之所以称之为"全反射"，是因为光线全部被反射回去了。即使用磨光的镁或者银制的最好的反射镜，也只能反射部分光线，其余光线都会被吸收。在这样的条件下，水就是一面极佳的镜子。

如果鱼类也懂物理学，那么它就会知道全反射现象对它们起着至关重要的作用。

许多鱼都是银白色的，这和生物体在水下的视觉特征有关。动物学家们认为：鱼类为适应水面颜色，最终形成了银白色。因为只有银白色的鱼在这样的背景下才很难被水下敌人发现。

从水面之下看世界

大多数人都没想过从水下看世界将是怎样的景象？在观察者看来，它几乎面目全非。

设想一下：你正在水下抬头看水上的世界。因为垂直光线不会折射，所以在你头顶正上方的云彩不会有什么变化，但是其他物体只要射出的光线与水面成锐角，就会发生歪曲：它们就好像被高度压缩了一样——光线与水面之间的角度越小，压缩得就会越厉害。因为在水面上，世界都在那个狭窄的水下圆锥体里。180°几乎被压缩到了一半，只有97°了，所以水面上的物像也肯定会被压缩（图117）。如果光线与水面间的角度只有10°，我们就根本无法分辨物体了。

但是水面自身的形状才最令人吃惊。从水底向上看，水面根本不是平面的，而是一个

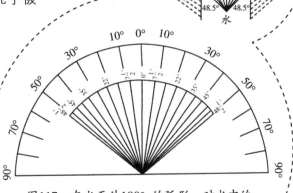

图117　在水面外180°的弧形，对水中的观察者来说就会缩小成97°的弧。而且，观察者在与顶角（0°角）的距离越远的弧上部分，看到的弧越小。

圆锥形。人就像是在一个大漏斗底部，漏斗壁之间倾斜的角度要大于直角（97°）。圆锥体的边缘是彩色的，由红色、黄色、绿色等多种颜色组成。白色的太阳光就是由各种颜色的光组成的，每一种光线的折射率和临界角都不同，所以从水底朝上看，就好像有一层彩虹圈把物体包围了起来。

在这个圆锥体以外的世界又会是什么样子呢？是一片发光的水面，就像一面镜子，会反射水下的各种东西。

在水下的观察者眼中，那些部分在水里部分在水面外的物体，所呈现的景象也会十分特别。假设在水里有一根测量河水深度的标杆（图118）。在水下A点的人会看到什么？现在，我们将他能看到的所有空间分成几个区域，然后分别研究每一个区域。如果在水底的光线条件足够好，在区域1，他能够看到河底。在区域2，他能够看到笔直标杆的水下部分。在区域3，他能够看到标杆浸在水里的那一部分的倒影（这里指的是"全倒影"）。再高一点儿，水下的观察者还能看见水面上的标杆，这一部分与它水下的部分已完全分开，位置要高得多。不用说，观察者根本想不到！这个悬空的标杆其实是之前那段标杆的延长部分！而且，这一部分标杆被严重地压缩了，特别是它下面的部分——那里的刻度线已经挤到了一起。从水底看，被洪水淹没了一半的大树露在河面上的部分就会呈现图119所绘的情形。

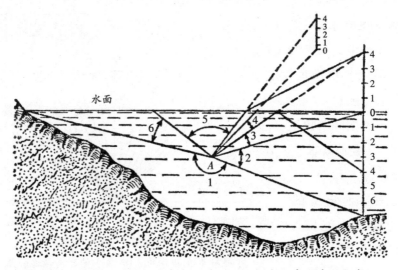

图118　不同视野的水下观察者所看到的一根半沉在水中的标杆。

图119 从水底下看到的被水淹没了树干的大树（可以与图118进行对比）。

如果标杆的地方是一个人，从水下看到的就是图120的景象。在鱼的眼里，游泳的人就是那样！在鱼看来，在浅水中行走的人类就像是被分成了两段，变成了两个动物：上面一个没有脚；下面一个没有头，但有四肢！当我们远离水下观察者时，水上的身体就会被拼命往下压缩；继续走远一点儿的话，整个身体就消失了，只剩下一个头悬在空中……

这些结论能够通过实验来直接检验吗？即使是睁着眼，在水下我们也不能看到什么东西。首先，在水下我们只能待几秒钟。水面在这点儿时间内还来不及平静，透过晃动的水面更看不清了。其次，如前文所说，我们眼睛中的透明部分和水的折射率差别

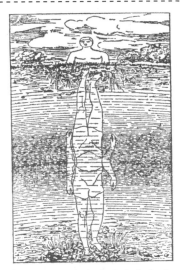

图120 一个齐胸浸在水中的人。从水下看，他是这个样子（可以与图118进行对比）。

不大，所以视网膜上的成像也不清楚，周围所有的东西看上去都是模糊的。从潜水钟、潜水帽，或者潜水艇里的玻璃窗往外看，也看不到想要看的东西。在这种情况下，观察者并没有"水下视觉"：光线要穿过玻璃，再穿过空气，会发生相反的折射，剩下的光线才会进入我们的眼睛。这时，光线的方向要么和原来一样，要么是有了新方向，无论怎样都不会是在水里时的方向。所以从水下的玻璃窗向外看，也不会有"水下视觉"的效果。

其实，从水下看水上的世界不一定非要到水下去。使用一种特殊的照相机就可以研究"水下视觉"。这种相机的内部装满了水，而且没有镜头，它使用了一种中间有个小孔的金属片。如果光孔和感光底片之间的空间都是水，那么外部世界在底片上的成像，就和水下观察者看到的一样了。这个设计原理应该不难理解。美国物理学家伍德就用这种方法拍到了一些十分有趣的照片，图113就是其中的一张。

我们还可以通过另一种方法来了解水下观察者看到的世界：把一面镜子放到平静的湖水里，适当地倾斜放置。然后，观察水上的物体在镜中的成像。你会发现，看到的结果和我们刚才说的理论是一样的。

因此，那一层透明的水层把水下观察者看到的整个水上世界都扭曲了，世界呈现出了一种奇怪的轮廓。在陆地上生活的动物到了水下之后，从水底深处看水上世界，一定会发现这个世界的模样都变了，甚至认不出这是其曾经居住过的世界了。

潜入深水里，我们看到的颜色

关于水下颜色的变化，美国生物学家毕布曾有过生动的描述：

我们乘坐潜水球来到了深水里，意外地从金黄色的世界来到了一片绿色的世界。当舷窗外的泡沫和浪花远离之后，绿色把我们包围了。我们的脸、瓶瓶罐罐，甚至漆黑的墙壁都变成了绿色。可是，在甲板上的人看来，我们到达的水下世界却是青色的。

　　刚到达水底时，我们的眼睛就再也看不到红色和橙色等暖色光线了（画家把红色和橙色称为暖色，把蓝色和青色称为"冷色"）。红色和橙色好像一开始就不存在，随后黄色很快被绿色吞没。虽然令人感到愉悦的暖色光线只是可见光谱很小的一部分，但是在30多米的深处，它们完全消失了以后，就只剩下寒冷、黑暗和死亡了。

　　我们继续往下沉，绿色也逐渐消失了。到了60米深时，水的颜色已经说不清是绿中带蓝，还是蓝中带绿了。

　　到了180米的深处，周围的一切好像都被染上了一种会发光的深蓝色。这里已经非常暗了，根本不可能看书或是写字。

　　到了300米深的地方，我试图分辨水的颜色：蓝黑色、深灰蓝色。有一点很奇怪，蓝色消失后，代替它的不是紫色——可见光谱中的下一种颜色，紫色好像也被吞没了。一些类似于蓝色的色彩变成了模糊不清的灰色，最后又变成黑色。从这个深度往下，太阳就无法到达了，再也没有了色彩。只有人类带着电的光芒到过这里。在此之前的20亿年间，这里就只有绝对的黑暗。

关于更深处的黑暗，这位生物学家这样写道：

　　750米处的黑暗比想象的还要厉害。现在，我们已经来到大约1000米的深处。周围已经黑得不能再黑了。我们习惯的水上世界的黑暗在这里只能算是"黄昏"。我从来没有如此深刻地体会过"黑色"。

视觉盲点

如果有人告诉你"在我们的视野范围内，有一个地方是完全看不见的，尽管这个地方就在面前"，你可能不会相信。难道我们连自己眼睛有这么大的缺陷都不知道？一个简单的实验就可以让大家相信这一点。

闭上左眼，把图121放在距离右眼大约20厘米处，紧盯着左上方的十字，然后慢慢将图向眼睛移动。你会发现：图右边两个圆相交处的黑点在某个时刻竟然消失了！虽然黑点还在那里，但我们却看不到它了！而在黑点左右的两个圆我们还是能看得很清楚！

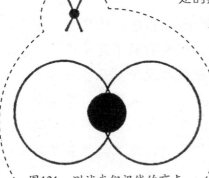

图121 测试我们视线的盲点。

1668年，著名物理学家马略特第一次完成了这个实验，只是形式上稍有不同。他是这样做的：

让两个人脸对脸站着，彼此相隔2米。两个人都用一只眼睛看对方的某个部位。这时候，他们会突然发现，看不到对方的头了。

不管这有多么奇怪，早在17世纪的人们就已经知道：我们的视网膜上有一个盲点。这个盲点就在视神经里，它已经进入眼球，但还没有分成有感光细胞的地方。

因为习惯的问题，我们看不到视觉范围内的那个黑点，也会凭借想象力不自觉地用周围背景的细节来弥补这个缺憾。如图121所示，虽然我们看不见这个黑点，但我们会运用想象力把这个黑点补充出来。这样，我们就会认为在这块地方看到了两个圆相切。

如果你戴着眼镜，可以做这样一个实验：把一小块纸片贴在眼镜的玻璃上，不要贴在正中。刚开始，这个纸片可能会影响你看东西，但过了一周后，你就会习惯它的存在，甚至会忽略掉它。有些人的眼镜上有裂缝，他们就有类似的体验：只有开始几天才看得到这个裂缝。同样，由于长期的习惯，我们也看不到我们眼睛的盲点。而且，这两个盲点分别对应每只眼睛不同的视觉部分，所以当我们用两只眼睛看时，是没有盲区的。

可是，也不要小看了我们视觉中的盲点。如果用一只眼睛看10米之外的房屋（图122），因为有盲点，所以我们是看不到它的大部分正面的，看不到的部分有一扇窗户那么大，直径有1米多。如果用一只眼睛看向天空，也会有一块地方是看不到的，这块地方大概有120个满月那么大。

图122　用一只眼睛看这个建筑物，你会发现自己视野里的c′区域和睁着的那只眼睛的盲点c区域是相对应的。我们是完全看不见的。

217

月亮看上去有多大

月亮看起来到底有多大？如果你问别人觉得月亮有多大，答案一定是五花八门的。大多数人会说月亮像盘子那么大。也有人会说它像一个装果酱的碟子，或者像一个樱桃或一个苹果那样大。有一位中学生觉得月亮像"一张可以坐12个人的圆桌"那样大。有一位文艺作家则认为月亮的直径有1俄尺。

1俄尺≈0.711米

为什么大家对同一个物体的看法存在这么大的差别呢？

这个差别的产生是因为对距离估算的不同。而我们往往是无意识地估算距离的。觉得月亮只有苹果那样大的人，对自己和月亮间距离的估算肯定比那些把月亮看成碟子或者圆桌的人要小。

不过大多数人还是认为月亮和碟子一样大。我们可以来算一下，要把月亮放在离我们多远的地方，才能使月亮看起来像盘子那样大，结果是小于30米。我们就是这样不自觉地把月亮放得这么近的。

有很多幻觉就是因为对距离的错误估计。我记得很清楚，在小时候，我就被自己的视觉欺骗过一次。一个春天，我来到了郊外。作为一个城市人，我第一次见到了草地上的牛群。我把我们之间的距离估算得很离谱，以至于我觉得牛只有侏儒那样大。从那以后，我就再也没见过这么小的牛了。当然了，也不可能再见到了。

天文学家用来观察、计算天体的角度的大小（即视角），就是从被观察物体的两个端点延伸到观察者眼睛里的两条直线间的角度（图123）。角的单

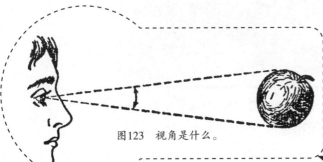

图123　视角是什么。

位有度、分、秒，所以天文学家就会说这个角有半度，而不会说月亮有苹果或者碟子那么大。也就是说，到达我们眼里的从月亮的边沿延伸过来的两条直线间的角是半度。对于视大小的测量，这种方法是唯一正确的，不会产生任何歧义。

根据几何学原理，如果物体与我们之间的距离是它直径的57倍。那么对我们而言，它的视角大小就是1°。比如，把一个直径为5厘米的苹果，放在离我们5×57厘米远的地方，它的视角大小就是1°。距离加倍的话，视角大小就会变成0.5°，我们看见的月亮的视角也是0.5°。你可以说你觉得月亮就只有一个苹果那么大——只有在这个苹果距离你570厘米（大约6米）的时候才行。如果你觉得月亮像一个碟子，就要把碟子放在30米远的地方。很多人不相信月亮有那么小，可如果把一枚一分的硬币放在距离我们相当于它直径114倍的地方——其实只有2米远，它就能把月亮遮住了。

如果需要在纸上画出一个大小能看得见的月亮，那这个圆的大小就不确定了，要根据它与人眼睛距离的远近来决定。如果这个距离就是我们平时看书的距离，即明视距离，那么对于正常的眼睛来说，这个距离就是25厘米。

这样我们就可以计算出印在书上的圆圈应该是多大了。其计算方法和月亮视大小的计算方法相等了。用25厘米除以114就可以计算出来，答案是比2毫米大一点儿。这个宽度只有书中注脚的字号大小。而且令人无法相信的是，太阳和月亮的视大小是相同的，它们的视角都很小。

大家可能已经注意到了，如果我们对着太阳看，在视觉范围内的很长时间都有光圈在闪烁，这就是所谓的"光的痕迹"，它与太阳的视大小相同。但光圈的大小是会变化的：当你看向天空的时候，它们和日面一样大；当你看书的时候，太阳的这个"痕迹"大小就变成了直径只有大约2毫米的圆圈了。这也说明我们的计算没有错。

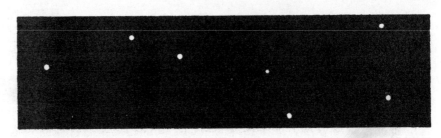

图124　根据天然视角比例绘制的大熊星座图。应将这幅图放在距眼睛25厘米处看。

天体的视大小

按照这个比例，我们就能在纸上画出和 图124 一样的大熊星座了。

从明视距离来看这张图，我们看见的星座就和天空上看见的一样，这就是按照视角的大小绘画的熊星座图。如果你对这个星座本身就有很深的印象，那你在看到这张图之后，就会回忆起这种视觉印象。如果知道了所有星座各个星体之间的角距（天文年历和类似的参考书可供查询），你就能利用"天然比例"把整个天文图画出来。只需要有一张方格纸，每格的长宽均为1毫米，将纸上的每4.5格当作1°（根据亮度来画星球的圆圈面积）。

和恒星一样，行星的视角也非常小。用肉眼来看，行星就像一些亮点。因为所有的行星对肉眼的视角都小于1分（除了最亮时候的金星），也就是小于人眼能分辨物体大小的临界视角了（如果视角再小的话，对我们来说，物体就只是一个点了）。

下面是不同的行星视角（以秒为单位）。每一颗行星后面都有两个数字：前面是行星距离地球最近时的视角，后面是距离地球最远时的视角：

按照"天然比例"，在纸上是画不出这些图来的。在明视距离内，即使是1分的视角（60秒），也都只有0.04毫米——肉眼根本无法分辨。所以，我们只能画出通过百倍天文望远镜看到的行星面。图125就是在这种条件下的行星视大小图。下方的弧线代表的就是在百倍天文望远镜中的月亮边缘或者太阳边缘。在弧线上面的是水星

行星	最近视角（秒）	最远视角（秒）
水星	13	5
金星	64	10
火星	25	3.5
木星	50	31
土星	20	15
土星的环	48	35

在距离月球最近和最远时的大小。再往上是金星。金星在离我们最近的时候，我们是看不到它的，因为那时候是没有太阳照射的一面朝向我们的。接下来，我们就可以慢慢地看到金星细细的月牙般的形状了——这已经是最大的行星圆面了；金星在随后的位置里，会变得越来越小，在满轮时，它的直径只有月牙时候的$\frac{1}{6}$。

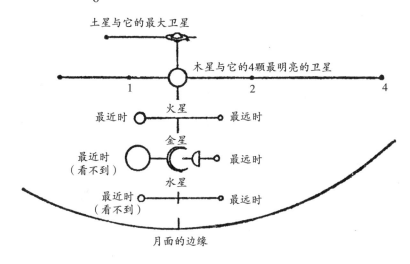

图125　百倍天文望远镜中的行星大小示意图。这幅图应放在距眼睛25厘米处看。

在金星上面的是火星。左边是我们通过百倍天文望远镜看到的大小。这么小的圆，我们是根本看不出来的。把这个圆再放大10倍，就是专门研究火星的天文学家使用千倍望远镜所能看到的景象了。即便如此，在这样小的圆面上，也根本看不到什么"运河"之类的细节，也不可能看到好像是生长在

221

火星"海底"的植物的轻微颜色。这也就难怪观察者们的证据都不一样了：有些人认为这只是光学上的幻觉，有些人则认为自己清楚地看到了……

在我们这张图中，体积庞大的木星和它的卫星的位置十分显著。除了月牙状的金星，木星的圆面比其他行星要大很多，它的4颗卫星排列在一条直线上，几乎是月亮的一半大小。图中画的是距离地球最近时的木星。最后面的就是土星和它的环，以及它最大的卫星（泰坦），当它们距离地球最近时，也可以看得很清楚。

由此可知，物体距离我们越近，看起来就越小。相反，如果物体和我们之间的距离因为某种原因被夸大，这个物体本身看起来就会很大。

下面，我们要讲一个 爱伦·坡 创作的关于错觉的故事，很有启发意义。这篇故事看起来很不可信，但确实是真实的。我就被这样的幻觉欺骗过，很多读者可能也有过相同的经历。

> 埃德加·爱伦·坡（1809~1849），美国诗人、小说家、文学评论家，代表作有《黑猫》《厄舍府的倒塌》等。

爱伦·坡与《天蛾》

在纽约霍乱非常流行的那一年，一位亲戚邀请我到他幽静的别墅里住两周。要是每天没有收到城市里的可怕消息，我们一定会过得很好。每天都会有消息说，哪个熟人又去世了。好像来自南方的风里都充满了死亡的气息。这个想法令人恐惧，控制了我的内心。好在我的主人很冷静，他总是努力安慰我。

有一天，天气很热，在太阳落山的时候，我坐在窗前看书。窗户开着，我能够看见小河远处的一座小山。我的思绪早就被城里的那些绝望和凄惨的消息打乱了，心思根本不在书上。抬起头，我突然看到远处裸露的小山坡上有一个奇怪的东西：一个丑陋的怪物正飞快地从山顶跑下来，很快消失在了山脚下的树林里。刚开始，我以为是我的脑子出了问题，或者也至少是眼睛不正常。可过了几分钟，我想了想，确定这不是幻觉。自它从山上跑下来，我就一直盯着它看，我看得非常清楚。我把怪物描述出来，你们可能不会相信。

我把这只怪物和周围的大树比较了一下，它的大小要超过所有的战舰。之所以用战舰对比，是因为怪物的轮廓就是那样，它的形状就像一艘装有74门炮的战舰。它的嘴巴在一根吸管的末端，吸管几乎和大象的身体一样粗，有六七英尺长。在吸管末端有着一簇簇浓密的绒毛，里面凸出两根发光的长牙，就像野猪的牙齿，向下面的两边弯曲。只是这个怪物个头更大。两个长三四十英尺、大大的直角长在吸管的两边，看起来好像是透明的，在太阳照射下闪着光。怪物的身体像个楔，顶端朝上立在地里。两对翅膀，每个大约有300英尺长，一对叠在另一对上面。翅膀上还镶满了金属片，每个金属片的直径有10英尺～12英尺。这个怪物最奇怪的部位是它的头：它的头低垂着，把整个胸部几乎都遮住了，还闪耀着白光，在黑色的背景下显得非常明显，好像画出来的一样。

我看着怪物，特别是它胸部那个恐怖的形状，感到非常害怕，突然它大吼了一声……我的神经再也撑不住了，怪物跑到山脚下的树林里消失了，我也昏倒在了地上……

我醒来后，马上跟我的朋友描述了我看到的东西，他先是哈哈大笑，后来变得严肃起来，好像很相信我的话，不觉得那是精神恍惚的结果。就在这时，我又看到了那个怪物，我赶紧让我朋友去看。怪物从山上下来了，尽管我给他详细地指出了怪物的位置，我的朋友还是没有看到。

我用双手捂着脸，当我把手拿开之后，怪物又消失不见了。

这时，主人问我那个怪物的身形。我详细地跟他描述了一下，他好像松了一口气，仿佛从某种重压中解放了出来。他走到书架前拿出一本博物教科书，然后坐到我刚才的位置，来看那本书。他打开书之后

说："要不是你描述得这么清楚，我可能也没法跟你解释这到底是什么东西。现在，我来给你念一段关于一种天蛾的描写。两对翅膀上带着薄膜，覆着带色的闪着金属光泽的小鳞片。伸长了的下颚形成了嘴里的器官，带着柔毛的触角的原始体生长在它们两旁。坚固的绒毛把下面的翅膀和上面的翅膀连接了起来。触须突起着，像个三棱形，腹部细小。头垂在胸前。它还会发出一种悲哀的声音，所以它有时候被人们看成灾祸的象征。"

主人把书合上之后，靠在窗前，跟我刚才看到怪物时的姿势一样。

"看，它在那儿！"主人惊叫道，"怪物正沿着山坡往上爬，果真如此，它的样子太怪异了。不过它并没有你想象的那么大，也没有那么远。它只是在沿着窗户上的一根蜘蛛丝往上爬而已。"

显微镜真的能放大物体吗

关于这个问题，最常见的回答是："因为它可以按照一定的方式改变光的路线，就像物理教科书中讲的那样。"这个答案虽然说明了原因，但并没有把事情的本质说清楚。显微镜和望远镜到底为什么能够放大物体呢？

我不是从教科书中知道其中的原因的，而是通过偶然发现的一个有趣的现象而理解的。当时，我还是个小学生。那天，我坐在关着的玻璃窗旁边，正无聊地看着对面胡同里一所房屋的墙。突然我吓坏了：墙上出现一个好几米宽的人眼，也在看着我……那时，我还没读过爱伦·坡的故事，所以我不知道那个大眼睛只是我自己的眼睛在窗玻璃上的影像，我以为它是在很远的墙上，所以觉得它特别大。

当我明白是怎么回事儿之后，就开始琢磨能不能利用这种错觉来制造显微镜。后来我的实验失败了。这时，我才明白原来显微镜放大的本质不在于它可以使物体的尺寸看起来变大了，而是让观察者能够在更大的视角里看物体。也就是物体成像能够在我们的视网膜上占据较大的位置，这一点才是关键。

为了更容易地理解视角在这里的重要作用，首先，我们来了解一下眼睛的一个重要特点：如果我们在小于1分的视角里看一个物体或它的一部分，对正常的眼睛而言，物体就会聚成一点，我们根本看不清它的形状和各个部分。如果物体离我们太远，或者物体本身太小，导致在我们的视角里，整个物体或者其中的一部分小于1分，我们就看不清它的任何细节了。因为在这样小的视角里，物体的整体或者任何部分在视网膜上的成像，只能落在一个感觉细胞上，根本无法接触到更多的神经末梢。在我们看来，物体的形状和结构细节都消失了，就只能看到一个点了。

显微镜和望远镜的根本作用在于能够改变物体光线的路线，让我们在比较大的视角里看到它们。这时，物体的像就能接触到视网膜里的更多末梢神经，我们就能看到物体的细节了（图126）。

"显微镜或望远镜能放大100倍" ——这句话的真实意思是：我们利用仪器看东西的视角是肉眼看时的100倍。即使我们总是说看到物体被放大了，但光学仪器如果不能把视角放大，它就

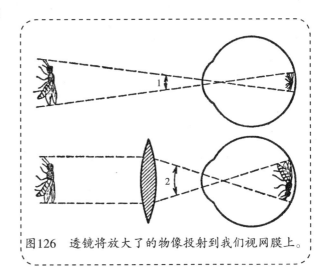

图126　透镜将放大了的物像投射到我们视网膜上。

是无法把物体放大的。我觉得砖墙上的眼睛很大，但我其实是无法做到像照镜子一样清晰地看到很多细节的。就像我们会觉得月亮在地平线附近比在半空中时要大，但即使是更大的月亮，我们能看到更多细节吗？

再说说爱伦·坡描写的"飞蛾"。现在，我们可以确定：虽然这只天蛾的像被放得这么大，我们也看不出任何细节。不管天蛾是在很远的树林里，还是在近处的窗台上，我们看它的视角都没有变。所以无论这个像有多大，

只要视角相同，我们就无法从中分辨出任何细节。爱伦·坡是一个真正的作家，他在写故事的时候也没有偏离自然。他所描写的天蛾的那些肢体，不管是"闪着光泽的金属片"，还是"两个笔直的大角"，或是"长着绒毛的触角，像野猪的牙一样"，这些都是我们平时肉眼能够看到的东西。至于那些肉眼无法分辨的东西，他一点儿都没有提到。

如果显微镜的作用只是放大我们的视角，那它对科学的价值就不大了，充其量只能是个有趣的玩具。可众所周知，显微镜让我们进入一个肉眼完全无法观察的世界！虽然我们有敏锐的目光，但能力还是有限的，有太多微小的生物即使就在我们眼前，我们也看不到。

俄罗斯的科学家莱蒙诺索夫在他在著作《谈玻璃的用处》中这样写道：

就在"我们的时代"，显微镜向人类展示了一个肉眼看不到的微小生物世界。这些生命体的躯干、关节、心脏、血管，还有神经，是那么细小！与大海里的巨鲸相比，一个小蠕虫构造的复杂程度也并不逊色……显微镜能看到的微粒和细小血管真是数不胜数。

显微镜不仅可以放大被观察的物体，还能让我们在一个更大的视角里观察物体。放大了的物体成像出现在视网膜上，作用于众多神经末梢上，我们的眼睛就能接收到更多单独的视觉印象。简单来说，显微镜并不是放大物体，而是放大了物体在视网膜上的成像。

> 伊曼努尔·康德（1724~1804），德国哲学家、思想家，德国古典哲学创始人。

视觉欺骗了我们

经常会有人谈论"视觉欺骗""听觉欺骗"。其实，这样的表达是错误的，感觉是根本不会欺骗的。哲学家 康德 是这样看待这个问题的："我们说感觉不会欺骗，不是因为它的判断总是正确的，而是因为它根本不会进行判断。"

那么说到"感觉欺骗"时，到底是什么骗了我们呢？显然，我们都要通过大脑进行判断。大部分视觉欺骗都是因为我们无意识地判断，而不是我们看见的东西导致的，所以我们才会不自觉地误入迷途。这种错误是判断上的，而不是感觉上的。

提图斯·卢克莱修·卡鲁斯（约前99～约前55），罗马共和国末期的诗人、哲学家。

2000多年前，诗人 卢克莱修 曾这样写道："我们的眼睛并不认识物体的本质，所以请不要把心灵的过失推给眼睛。"

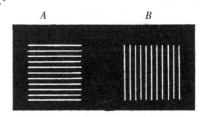

图127 哪一幅图看起来更宽？是左图还是右图？

我们举一个常见的光学错觉的例子：图127中左边的图看起来要比右边的窄一点儿。但实际上，它们的宽窄是相同的。原因在于，我们在估计左图高度的时候，会不自觉地把各个空格都加进来，所以看起来左图的高度就比宽度大。同样的因为不自觉地判断，我们也会觉得右图的宽度比高度要大。同理，我们会觉得图128中高度大于宽度。

图128 这个图形是宽度更宽还是高度更高？

如果我们将刚才所讲的视觉欺骗应用到一些大的、一眼无法全视的物体上，我们的感觉又会有所不同。我们都知道，如果矮胖的人穿横条纹西装会显得更胖！相反，如果穿竖条纹

穿什么样式的衣服最显瘦

227

和带褶皱的衣服，就会显瘦。

该怎么解释这一现象呢？就因为我们在看衣服的时候，必须要移动视线才能看完。我们的眼睛就会不自觉地沿着横条纹游走，工作的眼部肌肉会不自觉地在横条纹的方向把物体放大。一般情况下，我们都会把视野范围内放不下的大物体和眼部肌肉的工作联系起来。而我们在看小条纹图案时，视线可以不用移动，眼部肌肉也就不必工作了。

哪一个看起来更大

图129中，哪个椭圆更大：是下面的那个，还是上面中间的那个？虽然它们的大小相同，但因为上面那个椭圆外面还围着一个椭圆，错觉就形成了，会让观看者认为上面中间的椭圆要比下面的小。

还有个原因在加强我们的错觉：整个图形看起来不是平面的，而是立体的桶状。于是，我们就会不自觉地把椭圆形看成圆形，把两端的两条直线看成桶壁。在图130中，ab之间的距离看起来要大于mn之间的距离。而从顶点延伸出来的位于中间的第三条直线，则强化了错觉。

图129 哪一个椭圆大——是下面的，还是上面内部的那个？

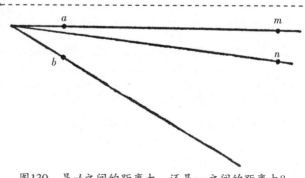

图130 是ab之间的距离大，还是mn之间的距离大？

由此可见，很多视错觉都是因为我们看的同时还在进行不自觉的判断。生理学家说："我们是用脑在看，而不是用眼睛。"如果你了解了这些幻象是在你看的过程中，思维有意识地参与了，你就会同意我所说的了。

想象力的
参与

如果你把图131拿给其他人看，你会得到3种答案。有人会说这是个楼梯，有人会说这是墙壁上的壁龛，还有人会说这是一张放在白色方形纸上的纸条，只是被折成了风琴褶皱的形状。

最奇怪的是：这3个答案都没错！只要从不同的角度看，大家都能看出这三样东西。

如果先从图的左边部分看起，看到的就是一个楼梯；如果沿着图形从右往左看，看到的就是一个壁龛；如果从右下角向左上角沿着对角线斜着看过去，看到的就是一个手风琴状的纸条。

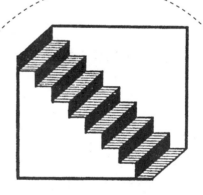

图131　你看到的是什么？是楼梯，是凹陷的壁龛，还是一条风琴状的折纸？

如果我们一直盯着这个图看，就会感到眼睛非常疲劳，注意力无法集中，看到的图形就会一会儿是这样，一会儿是那样，根本无法用意志来控制。

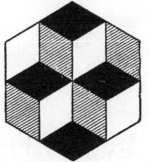

图132 这些立方体是怎样排列
的？是上层有两个立方体，还
是下层有两个立方体？

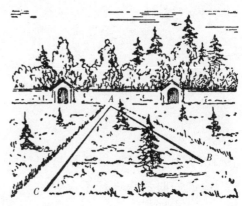

图133 AB与AC哪段长？

图132也是这样。图133也是视错觉图，十分有趣：我们会不自觉地认为
AB比AC短，实际上它们是一样长的。

又谈视错觉

现在，我们还不能把所有的视错觉都解释清楚。我们经常弄不清楚自己脑子里到底在进行着什么判断，才会产生这样或那样的错觉。我们可以从图134中清楚地看到两条弧线，且相对凸出。

可是如果用直尺一量，或者把图举到眼睛跟前看，我们就会发现这两条线是直线。这个错觉就很难解释。

下面，我们再讨论一个视错觉的例子。图

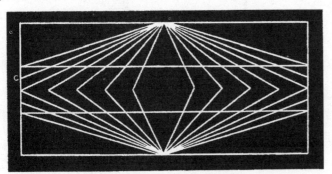

图134 在图中央，有两条平行直线，但是它们看上去却像两条相对凸起的弧线。

135中的直线分成的线段看起来并不相等，可量一下就会发现，它们的长度是相同的。图136和图137中的直线看上去并不平行，但其实是平行的。图138看起来是个椭圆，但其实是个正圆。而且，更有意思的是：如果我们在电火花的光下面来看图134、图136和图137，就不会产生错觉。这说明这些错觉与眼睛的运动有关系：电火花的光很短，眼睛来不及移动。

图139也是一个有趣的错觉图。请问，你觉得是左边横线长，还是右边的横线长？看起来左边的要长一些，可实际上两边是一样长的。这个图就是几何学上著名的卡瓦列里定律图解。卡瓦列里定律图的左右两个图像是烟斗的两个部分，面积大小是一样的。这个错觉现象也被称为"烟斗错觉"。

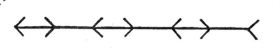

图135　直线上的6段是相等的吗？

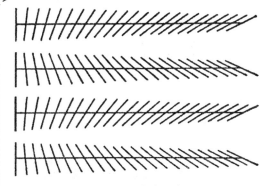

图136　这些直线平行吗？

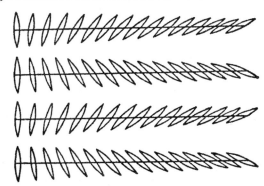

图137　图136的另一种形式。

人们对这些错觉现象有很多种解释，但都难以令人信服。在这里我就不再详细列举

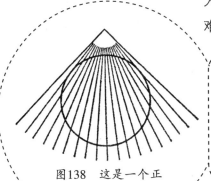

图138　这是一个正圆，还是一个椭圆？

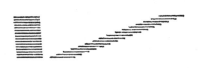

图139　"烟斗"错觉示意图。是右面的横线长还是左面的横线长？

了。但有一点很明确，就是：无意识的判断导致了这些错觉。人脑经常会下意识地"卖弄聪明"，导致我们无法看清真实的情况。

放大的网格

可能大家无法一下子猜出图140画的是什么——"无非就是黑点做成的网格"。把书竖在桌子上，再后退三四步，你就会看到一只人眼。再靠近看一看，又变成了什么都没有的网格……

你一定会认为这是某位雕塑家的把戏。不，这只是一个明显的视错觉现象。只要我们看到铜版画，就会产生这样的错觉。图书杂志里的图形背景看起来总是连成一片的。但如果你用放大镜来看，你就会看到这幅图就像图140一样，全是网格。图140其实就是被放大了10倍的普通铜版画的一部分图案。两者的区别在于：图书杂志上的网格要小些，近距离看的话，就会成为密密麻麻的一片，而图140中铜版画的网格大，要站得远一些才能看得清。

图140 从远处看这个格子网，可以看到里面有一张脸朝右的女子画像，图上有一只眼睛和鼻子的一部分。

你是否曾透过栅栏的缝隙或是在电影里看到过奔驰着的火车或汽车的轮辐？你可能见过这种奇怪的现象：汽车高速奔驰，轮子却转得很慢或者根本没动，有时甚至还会朝相反的方向转动。

这种视错觉真是太令人惊奇了！第

为什么车轮没有动

一次看见的人都会无法理解其中的原理。

下面，我们就来解释一下：透过栅栏的缝隙看到车轮运动时，因为视线会受到栅栏的隔断，所以在我们眼中，车轮在运动的时候，轮辐并不是连续的，而是隔一段才出现。电影里的车轮也是有间隔时间（每秒24张画面）的，它看起来也不是连续的。

这里会出现三种情况，我们来一一说明。

第一种情况：视线被挡住时，车轮的转数是整数。车轮转数的整数是多少是无所谓的，可以是2，也可以是20，只要是整数就行。假设时间间隔和车速不变，如果车轮的辐条在当前画面的位置与在前一张画面上的位置相同，在下一个时间间隔里，车轮转数是整数，轮辐位置依然相同。所以当我们看到轮辐没变时，自然就会觉得车轮根本没动。

第二种情况：在每个时间段，车轮

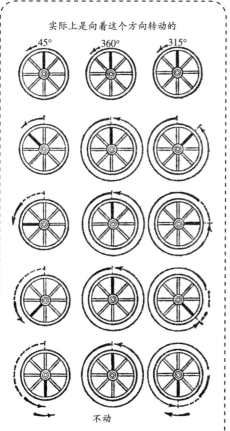

实际上是向着这个方向转动的

45°   360°   315°

不动

图141 电影中，车轮奇怪的运动方式的示意图解。

转数比整圈多小半圈。我们看到这个变化的画面时，会忽略掉车轮转的整数圈，只看到转的那小半圈。于是，在我们看来，尽管汽车在飞驰，车轮却转得很慢。

第三种情况：在两次拍摄的间隔，车轮没有转一整圈，例如，转了315°（图141第三排）。在这种情况下，在我们看来，轮辐就像是在往相反的方向转。直到车轮的旋转速度改变，这种感觉才会消失。

另外，还要做一些补充说明。为了简单起见，第一种情况设定车轮转的圈数是整数。实际上车轮的每根辐条都是一样的，所以只要车轮转的轮辐间隙数是整数就行了。这一点对其他两种情况也同样适用。

如果在轮缘上做个记号，而且所有的轮辐都相同的话，我们就会看到有时候轮缘朝着一个方向，轮辐朝着另一个方向转动。如果在轮辐上做个记号，就会看到轮辐转的方向与记号的转动方向是相反的，这些记号就好像是从一个轮辐跳到另一个轮辐上似的。

如果电影里演的事儿很普通，这种幻觉是不会对观众的视觉产生太严重的影响的。但如果是在解释某个机件的作用，这种错觉就会严重误导观众，甚至会使观众产生错误的认识。

细心的观众在银幕上看到奔驰的汽车车轮好像不在转的时候，可以留意一下轮辐的个数，就可以算出车轮每秒钟大约转了多少圈（在作者的时代，影片一般都是每秒钟播放24张画面）。假设车轮有12根轮辐，那么车轮每秒旋转的圈数就是24÷12=2（或者每0.5秒转一整圈），这只是最少的转数，只要是这个数目的整数倍都可以。

再估算一下车轮的直径，就能算出汽车的速度了。假设车轮直径是80厘米，那么在上述条件下，汽车的速度大约就是每小时18千米、36千米、54千米……

这种错觉还被应用到现代技术中，用来计算高速转动的轴的转数。这种方法的原理是这样的：交流电电灯的光非常不稳定，每 $\frac{1}{100}$ 秒就会变暗。不过，我们一般是不会发现灯光在闪烁的。可如果我们用这种光来照射图142中的转盘，这个转盘1%秒转了 $\frac{1}{4}$ 圈，我们就可以发现一个意外情况：我们看到的就是黑白扇形相间的图案，圆盘好像没有动，而不是在通常情况下，圆盘在运动时显现的灰色整体。

在看了有关汽车轮子的相关错觉介绍之后，我希望读者能明白这个现象的原理。根据这个现象的原理，我们可以很容易地计算旋转轴的转数。

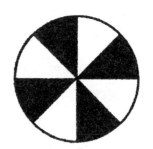

图142　能计算出发动机转速的圆盘。

"时间显微镜"

在前文中，我们讲到了显示电影放映的"时间放大镜"。在这里，我们再一次利用上文中讲到的原理，讲解另一种也可以取得同样效果的方法。

根据上文，在每秒钟闪烁100次的交流电灯的照射下，如果黑白扇形相间的圆盘的转动速度是25转／秒的话，我们就会觉得转盘是静止的。现在，假设灯光闪烁的次数是每秒101次，圆盘在最后两次灯光闪烁的时间间隔里，就不再是转 $\frac{1}{4}$ 转了，因为黑白扇形并没有回到原来的位置。

这样，我们看到的就是落后了圆周 $\frac{1}{100}$ 的扇形。当下一次灯光闪烁时，我们看到的扇形又会落后一个 $\frac{1}{100}$ ，并这样持续不断下去。

于是，我们就会觉得圆盘在向后转，且每秒只转了一圈，运动速度似乎只有原来实际的 $\frac{1}{25}$ 。

要想看到这个慢下来的运动，其实并不难，而且看到的还是正常方向，而不是反方向的运动。为此，我们需要把灯光闪烁的次数减少。比如，让灯光每秒只闪烁99次。这样的话，我们看到的就是圆盘每秒就向前运动一圈了。

就这样，我们得到一个可以把速度减小的"时间显微镜"，而且还能得到更慢的运动。例如，让灯光每10秒钟闪烁999次，也就是每秒闪烁99.9次。这样，我们看到的圆盘就是每10秒转一圈，这只有它原来速度的$\frac{1}{250}$。

根据上面的方法，我们可以把所有周期运动看起来的速度变成我们所希望看到的程度。这可以方便我们研究高速的机件运动：用时间显微镜把机件的速度减少到原来的1%甚至1‰就可以。

最后，我们来介绍一种方法，可以测量枪弹的飞行速度。这个方法也是参照了转盘旋转数可以精确测定的原理。用硬纸做一个圆盘，在盘上画一个黑白扇形，把边缘折起来。此时，圆盘就像是一个圆筒形盒子打开之后的样子。如图143，圆盘装在一个不停转动的轴上。然后，对着圆盒的边缘开枪，打两个洞：

图143　测量枪弹飞行速度的装置。

如果盒子静止不动，这两个洞就会位于一条直径的两端。如果盒子不停在旋转，子弹还没到达盒子时，盒子会转动一段距离，所以盒子上的洞就不是在b点，而是在c点了。

由于盒子的转数和直径已知，枪弹飞行的速度就可以根据bc弧的大小计算出来了。计算过程是几何问题，并不难，只要稍微懂一点儿数学知识就可以算出来。

视觉欺骗在力学的应用中，最出名要算是"尼普科夫圆盘"了。这种圆盘最早是装在电视上的。如图144所示，厚实的圆盘边缘有12个小孔，它们的直径都是2毫米，而且小孔沿着一条螺旋线均匀地排列着，每一个小孔与中心的距离都比最近的那个小孔短一个小孔直径的长度。

这个圆盘自有其特别之处。把它装在一个轴上，如图145所示，把一个小窗装在它前面，同时在它后面放一张同样大小的画。快速转动圆盘，你会看到一个出人意料的现象。当圆盘转动时，从小窗户可以清楚地看到圆盘后面的那张画；当圆盘速度减慢时，就看不清那张画了；当圆盘停下来时，就彻底看不见画了，这时，你能看到的就只是透过小孔看到的东西了。

我们现在来分析一下其中的原因。我们可以慢慢转动圆盘，然后从小窗观察每个小孔经过小窗的情况。离小窗上部边缘最近的小孔就是离中心最远的那个。当圆盘转

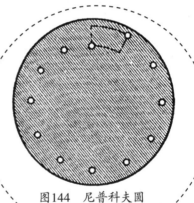

图144 尼普科夫圆盘图示。

图145 奇妙的转动圆盘。

尼普科夫圆盘

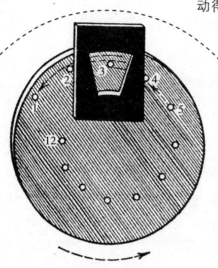

图146　尼普科夫圆盘的原理分析图示。

动得很快时，我们就可以通过这个小孔看到画面上最接近上部边缘的部分。而当比第一个小孔低的第二个小孔迅速通过小窗的时候，我们可以看到紧挨着第一条画面的第二条画面（图146）……同理可知，只要圆盘转得足够快，我们就可以看到整幅画，就好像在小窗后面有一个和画一样大的洞。

我们可以动手做一个尼普科夫圆盘。为了让这个圆盘转得快一点儿，还可以在轴上系一根绳子。当然，安装一个小型发动机是最好不过了。

为什么兔子斜着眼睛看东西

能同时用两只眼睛看东西的生物不多，人是其中之一。人类两只眼睛的视野基本是重合的。

而大多数动物在看东西时都是用一只眼的。同一样东西，它们看到的和我们看到的在轮廓上都差不多，但它们的视野要开阔很多。图147演示的是人眼的视野：

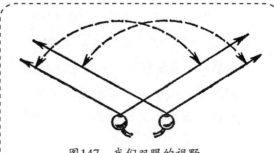

图147　我们双眼的视野。

在水平方向上，人的每只眼睛能看到的最大角度是120°。当眼睛不动时，我们两只眼睛的视角几乎是重合的。

而 图148 画的是兔子的视野：兔子的两只眼睛离得比较远，不用转头，它就可以既看到前方的东西，又看到后面的事物。这下，我们知道了，为什么兔子很容易发觉有人偷偷走近它。不过从图中我们可以看到，兔子鼻子前面的区域，它是看不到的。它要想看到这么近的东西，就必须侧过头才行。

这种"全方位"视野普遍存在有蹄类动物和反刍类动物之中。图149 画的是马的视野：马两只眼睛的视野在后面没有一点儿重合，它要想看身后的东西，只要轻轻转一下头就行了。虽然它看得不是很清楚，但是四周的微小动作，它都能看到。肉食动物行动敏捷，靠袭击其他动物获取食物。它们虽然没有"全方位"的视野，但用两只眼睛集中看东西，能看得非常清楚。这样它们就可以准确估计自己的跳跃距离了。

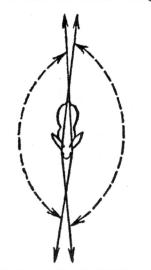

图148　兔子双眼的视野。

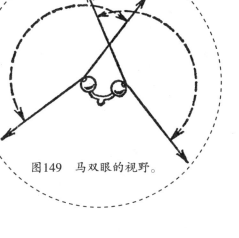

图149　马双眼的视野。

为什么黑暗中的猫是灰色的

物理学家认为："猫在黑暗中都是黑色的，因为没有光照的话，什么东西都看不见。"不过，这条谚语里的黑暗并不是指完全的黑暗，而是指光线微弱的情况。这条谚语的意思是：在光线不足时，色彩就无法分辨了，所有的东西看上去都是灰色的。

真的是这样的吗？在昏暗的地方，红旗和绿叶都成了灰色？确实如此。我们可以很容易地验证。在黄昏时分，你会发现：所有物体的颜色都变成了深灰色，没有差别。红被子、蓝墙纸、紫花、绿叶……无一例外。

> 安东·巴甫洛维奇·契诃夫（1860～1904），俄国著名小说家、世界短篇小说巨匠，代表作有《变色龙》《套中人》等。

契诃夫 在其作品《信》里，有这样一段描述：

> 窗帘放下来以后，太阳光就被挡住了，屋里好像变成了黄昏。花束里的玫瑰花好像都变成了同一种颜色。

契诃夫的观察完全符合事实，并且可以用精确的物理实验证明。先用一个微弱的光线去照射一个有颜色的物体，眼睛看到的就是灰色。然后，慢慢把光线调亮，达到一定的光照强度，就可以开始分辨色彩了。这种照明被称为色感觉的下阈。

所以，前文中的谚语是对的。当光线比色感觉的下阈低时，人们看什么都是灰色的。

同时，人的视觉还有色感觉的上阈。当光线太强时，我们也会分不清颜色，看什么都是白色的。

Chapter 10
声音与声波

声音和无线电波

声速比光速要慢几百万倍，而无线电波的传播速度和光波一样，所以声音的传播速度比无线电波也要慢几百万倍。所以，我们就可以得出一个有趣的结论。下面，我们就用一个问题来解释一下这个结论：一位观众坐在音乐厅里听音乐会，离钢琴只有10米的距离。一位听众用无线电在收听同一场音乐会，他位于距离音乐厅100千米之外的地方。请问：哪位先听到音乐？

无线电听众虽然离钢琴很远，是音乐厅观众与钢琴间距离的10000倍，但却是他先听到了音乐。通过计算可知，通过声音无线电波传送100千米需要：$100 \div 300000 = \frac{1}{3000}$秒。而声音在空气中传播需要：$10 \div 340 = \frac{1}{34}$秒。由此可知，声音在无线电中传播所需时间大约是在空气中传播所需时间的1%。

声音和子弹，哪个更快

凡尔纳笔下的主人公们坐着炮弹飞向月球时，因为没有听到炮弹发射的声音而感到很奇怪。其实这很正常，不管炮弹发射的声音有多大，和所有的声音一样，它在空气中的传播速度只有340米／秒，而此时炮弹的飞行速度已经达到1100米／秒。很显然，声音的传播速度根本赶不上炮弹的飞行速度，所以发射的声音不可能传到这几个人的耳朵里。现在，许多飞机的飞行速度都比声音的传播速度要快。

在现实生活中，炮弹或者子弹的速度有多大呢？它们的速度比声音的传播速度是快还是慢呢？如果比声音传播的速度慢的话，人是不是就可以在听到声音后及时躲开子弹呢？

现代步枪射出子弹的速度几乎是声音在空气中的传播速度的3倍，约为900米／秒（在0℃时，声音的传播速度是332米／秒）。虽然声音的传播速度不会改变，子弹的飞行速度会逐渐下降，但子弹在飞行中，大部分时间的速度都是比声音快的。所以，如果在开枪的时候，你已经听到了枪响，就不必害怕了；因为子弹肯定已经飞过去了。子弹总是在枪声之前到达，如果已经被子弹射中，就肯定不会先听到枪声了。

我们经常会因为飞行物体和其发出声音的传播速度不同而产生错觉，得出和现实不吻合的结论。

比如，高高飞过头顶的流星或者炮弹。流星从宇宙进入地球大气层

流星真的爆炸了吗

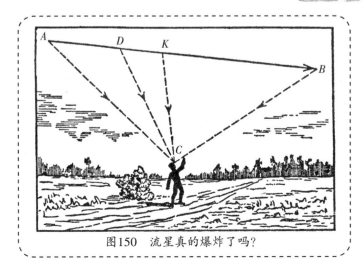

图150 流星真的爆炸了吗？

时，它的飞行速度是很大的。即使它的速度因为受到大气阻力而所有减小，仍然是声速的几十倍。

流星在穿过空气时，声音会非常大。如图150所示，假设我

们站在C点，沿着我们头顶的AB线有一颗流星飞过。当流星到达B点时，我们在C点才能听到它在A点发出的声音。因为流星的速度要远远高于声速，所以我们会先听到流星在D点发出的声音，然后再听到它在A点发出的声音。同样的，我们会先听到D点发出的声音，后听到B点发出的声音。因此，如果在我们的头顶上还有某个点K，我们会最先听到流星在K点发出的声音。如果你对数学感兴趣，你应该已经知道了流星和声音的速度差别，你就会明白我们听到的往往并不是我们看到的。我们看到的是：流星从A点飞过，沿着AB线飞行。而我们最先听到的声音是头顶K点的声音，然后才是同时来自两个相反方向的声音：分别是从K到A和从K到B。这样的话，流星听起来好像已经爆炸变成了两个部分，然后这两个部分分别往相反的方向飞去。实际上，流星并没有爆炸。很多人说亲眼见过流星爆炸，可能就是因为受到声音错觉的影响。

如果声音的传播速度变慢了……

如果声音在空气中的传播速度变慢了，不再是340米／秒，那么我们对声音产生的错觉就会更多了。

假设现在声音的传播速度是340毫米／秒，比人步行的速度都慢得多。一个朋友正在给你讲故事，你坐在椅子上，而他则在屋子里走来走去地讲。在以前，他走路的声音不会影响你听故事，但现在声音的传播速度变慢了，你就会听不清故事了。因为他前后说的话都会混在一起，你只能听到乱七八糟的声音，根本听不清内容。

而且，如果你的朋友向你走来，你听到的话会是相反的顺序：先听到他刚刚说的，然后是早些时候说的，随后又是更早时候说的……就因为说话人的行走速度总超过自己说话声音的传播速度。

如果你觉得声音在空气中的速度足够了的话，那看了这一节，你的看法马上就会改变了。假设我们只能用以前大商店里连接各个房间的传话筒，或者轮船上不同操作间通话时使用的传话筒连接莫斯科和

最慢的谈话

圣彼得堡，而不是电话。你站在圣彼得堡线路的这一头，而你的朋友站在莫斯科线路的那一头。你问他一句话，然后等他回答。5分钟、10分钟，甚至15分钟都过去了，你的朋友还是没有回应。你会开始担心：同伴是不是出了什么状况？这种担心是没有必要的：因为你的声音根本还没到达莫斯科，一直还在半路上。你在莫斯科的朋友要再等15分钟，才能听见你的问题，然后回答。紧接着，他的回答再从莫斯科传回到圣彼得堡，还得需要半个小时。也就是说，你在提出问题之后，要等1个小时，才能听到朋友的回答。

我们可以用计算来检验一下：莫斯科与圣彼得堡之间的距离是650千米。声音的传播速度是340米／秒。通过简单的计算650000÷340，可得：声音在这个距离间传播需要1950秒，也就是大约33分钟的时间。这样的话，就算你们两人从早到晚一直在讲话，也只能交流几句话而已。而且，在这里我还是假设随着距离增大，声音的振动没有改变。实际上，真要是这么远的线路，两个人是根本听不见对方的声音的。

最快的传播方式

即使是上面的传声筒，在以前很长的一段时间都已经算是最快的消息传播方法了。在很多年前，根本没有人想过还会有电报、电话这样的东西，所以人们要向650千米以外的地方传播信息，只用几个小时就已经非常理想了。

据说沙皇保罗一世加冕时，就是通过下面的方式将莫斯科加冕仪式开始的时间传到圣彼得堡的。在从莫斯科到圣彼得堡的路上，每隔200米安排一个士兵。在教堂开始敲第一次钟时，最近的士兵朝天开一枪，下一个士兵听到枪声后紧接着开一枪，随后第三个士兵开枪——消息就这样用了3个小时传到了圣彼得堡。也就是说，650千米之外的彼得保罗要塞的大炮在莫斯科第一声钟响的3个小时之后，才会打响。

莫斯科的钟声如果能直接传到圣彼得堡的话，只需要半个小时就够了。这就意味着，传递声音的这3个小时，有2.5个小时都是士兵在辨别声音和开枪的动作上耗费的。尽管每个动作所用的时间都很短，但合在一起就有2.5个小时之多了。

在两个相距很远的地方传递光信号也与传递声音类似。在沙皇统治时期，革命者开地下会议时要采取一定的保卫工作，就利用了这个方法：从会议地点到警察局都是革命者的眼线，警报一响，革命者就会通过一个个隐蔽的"小电灯"把信号传到会议地点。

在非洲、中美洲和波利尼西亚群岛，土著居民依然用声音信号来传递信息。如图151所示，这些原始部落使用一种特殊的鼓，可以把声音传播到很远的地方：一个地方收到信息之后，再继续传到下一个地方。如此，信息得以

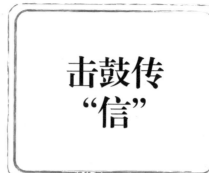

快速传播，散居的居民在很短的时间内就可以知道某些重要事情了。

图151　原始部落的土著居民利用击鼓的方式传递消息。

意大利与阿比尼西亚（也就是今天的埃塞俄比亚）在发生第一次战争时，梅内里的黑人们对意大利军队的每一次调动都了如指掌，意大利军队就

这样被引入困境。意大利指挥部对他们的信息传播方式毫不知情，根本不知道对手在用"击鼓传'信'"。第二次意阿战争时，阿比尼西亚的首都采用了同样的方式，在几个小时之内，"动员令"就传遍了各个部落。

类似的情况在英国人与布尔人的战争期间也出现过。利用这种"传信方式"，只需要几个昼夜，居民就可以了解所有的战况信息。

一些旅行者认为：一些非洲部落发明了这种声音信号传播方式。这种方式比欧洲人的电报还好用，所以应该是非洲人传递了消息。

在尼日利亚内陆城市伊巴丹的布里顿博物馆，有一位考古学家，他曾做过相关记录。考古学家详细地记述了当时鼓声日夜鸣响的情况。

> 有一天早晨，我听到几个黑人正在激烈地讨论着什么。一位军官回答了我的疑问："是白人的一艘战舰沉了，船上面的很多白人都死了。"

这个消息就是通过"鼓的语言"从海边传过来的。

当时，这位学者没有觉得这个传言有什么特殊的意思。但是3天之后，他收到了一封电报，就是在说战舰沉没的消息。这时候，他才意识到，黑人的消息是准确的。令人惊讶的是，这些部落的语言并不相通，而且有的部落之间还在打仗。

声音在空气中的回声

不仅是在坚固的屏障，在像云一样柔软的物体上，声音也可以发生反射。甚至是透明的空气，在一定的条件下都能反射声音，只要这一部分空气与其他空气传声的能力不同就可以，这与光学上的"全反射"情况类似。声音从看不见的屏障处反射回来，你就会觉得回声不知道是从哪里来的。

丁达尔 在海边进行声音信号实验时，发现了这个有趣的现象，他这样写道："回声从透明的空气中传来，就像从看不见的声云中传过来一样。"

约翰·丁达尔（1820～1893），英国物理学家，发现和研究了丁达尔效应。

这位著名的英国物理学家所说的"声云"，指的就是使声音发生了反射的那部分空气。正是这部分空气才产生了"来自空气的回声"。他是这样说的："声云一直飘浮在空气中，和普通的云没有任何关系，和雾也没关系。在最透明的大气中可能到处都是声云。有了声云，就可以产生空气的回声。和普遍被认可的观点不同，明朗的空气也是可以产生空气回声的，这可能是由温度不同或水蒸汽含量不同的气流引起的。"

声音无法穿透声云的事实可以解释一些战争中的奇怪现象。丁达尔曾经引述过下面一段话，这段话摘取自一个参加了1871年普法战争的人的回忆录：

今天（6日）清晨的天气和昨天完全相反。昨天，寒冷刺骨，天空中还有雾，看不到半里之外的任何东西。而今天很暖和，天气晴朗明亮。昨天，到处都是声音，今天却特别安静，就像没有爆发战争的桃花源一样。我们觉得非常奇怪，难道巴黎和堡垒、大炮和轰炸都不见了吗？……我坐车来到了蒙莫兰希。在这里，我能看到巴黎北郊的广阔全景。那里还是死一般的安静……我遇到3个士兵，和他们一起讨论目前的局势，他们甚至在想是不是已经开始和平谈判了，因为从早上开始就没听到枪炮的声音。

我继续走，来到了霍涅斯。我惊奇地发现，从早上8点起，德军的大炮就在猛烈攻击了。南部的炮击差不多也是早上8点开始的。可是，我们在蒙莫兰希却什么声音都没有听到！……这都是因为空气的关系。今天，空气的传声能力非常弱，而昨天的传声能力就很好。

在1914年到1918年的世界大战中，多次发生类似的情况。

听不到的声音

有这样一些人，他们不是聋子，听觉器官也没有问题，但是却听不到蟋蟀或者蝙蝠发出的尖锐的声音，也就是听不到很高的音调。在丁达尔看来，甚至有人听不见麻雀的叫声。

实际上，我们并不能把发生在身边的振动全部接受到。物体每秒振动的次数少于16次，或者高于15000次～22000次，我们都听不见。不同的人所能听到的最高音调的界限是不同的。老人能听到的最高音调只有6000次／秒。所以就会出现一种奇怪的现象：有些人能听到某些刺耳的高音，有些人却根本听不到。

有很多昆虫，比如蚊子和蟋蟀，它们声音的振动次数是每秒钟2万次，有些人能听到这些声音，有些人却听不到。一些人觉得充满刺耳噪声的地方，对另一些人（那些听不见刺耳高音的人）来说，却是可以享受绝对安静的场所。丁达尔说他就曾经碰到过这样的情况。那时，他和朋友在瑞士游玩：

路两边的草地里都是昆虫，我满耳处都是刺耳的昆虫叫声，可我的朋友却什么也没有听见。昆虫的叫声已经超出了他的听觉范围。

蝙蝠发出的声波比昆虫的叫声还要低一个8度。也就是说，在蝙蝠发出声波时，空气振动的次数比昆虫的鸣叫时少一半。尽管如此，还是有人听不到蝙蝠发出的声波，因为他们的听觉范围更小。

与人类相反，狗的听觉范围非常大，巴甫洛夫实验证明，狗能听到振动次数为每秒38000次的音调，而这个音调已经属于超声振动范围了。

超声波的应用

物理学已经能够运用现代技术制造出"听不见的声音"——超声波。它的振动频率比刚才说的要高很多，已达到每秒钟振动10000000000次。

利用石英片的某种性能可以帮助我们产生超声波。石英片是采用特定方法从石英晶体切割下来的。石英片经过压缩，表面就会产生电流，石英晶体的这种特征被称为"压电效应"。如果让这种石英片的表面带上周期性的电荷，在电荷的作用下，石英片表面就会振动，就可以得到超声波振动。利用无线电技术中的电子管振荡器，就可以让石英片带电。振荡器的频率要与石英片本身的振动周期相合。不过因为石英晶体非常昂贵，而且产生的超声波也不是很强，所以一般只在实验室里应用。实际应用时，一般都是采用人造的合成物质。

我们虽然听不见超声波，但可以使用一种简单的方法发现它。比如，我们把正在振动的石英片放到油缸里，在超声波的作用下，一部分液体表面就会出现一个10厘米高的波峰，还可能会有小油滴飞到40厘米高。这时，用手抓住一根长1米的玻璃管的一端，将另一端放入油缸，你会觉得抓住的一端非常烫，甚至会烫伤皮肤。如果拿一块木头来试一下，木头都会被烫个洞出来。此时，超声波的能量已经变成了热能。

很多人都在研究超声波。超声波的振动可以对生物产生强烈影响：振断海草的纤维，振碎动物的细胞，1分钟～2分钟内杀死小鱼和虾类等。超声波还会升高实验动物的温度，比如，老鼠的温度会升高到45℃。医学上用到超声波振动，听不见的超声波与看不见的紫外线都可以应用在医疗技术上。

超声波在冶金方面的应用目前最为成功。超声波可以用来探测金属内部

是否存在气泡和裂缝，组织结构是否均匀。超声波是这样"透视"金属的：让浸在油里的金属接受超声波的作用，金属里不均匀的地方就会改变超声波的波动，出现一种"声音的阴影"。这时，金属不均匀部分的轮廓还会出现在光滑的油面上。这些轮廓很明显，甚至都可以拍下来。

超声波可以"透视"厚度达到1米以上的金属，这一点连X射线都无法实现。而且，超声波可以发现极其细小的不均匀（小到1毫米）。由此可以预见，超声波的发展前景是非常光明的。

小人国中的居民和格列佛的声音

电影《新格列佛游记》中，小人们说话时是用高音的，这符合他们的舌头大小，而比佳则是用低音说话的。拍摄时，由成年人为小人配音，演比佳的则是个小孩。影片是怎么实现音调变化的呢？导演告诉我："拍摄时，演员其实都是用自己的原声说话的。"这让我非常吃惊。原来，是依据声音的物理特点来实现的音调改变。

为了变高小人的声音，变低比佳的声音，影片导演放慢了录音带的速度来记录小人们说话的声音；又加快了录像带的速度来记录比佳说话的声音。而在影片播放时，就用正常的放映速度。放映的结果是什么样的，就很容易想象：小人的声音振动次数比正常的要多，所以音调听起来要高一些，而比佳的声音振动次数比正常的人要少，音调就会低一些。因此，在影片中，小人说话的音调比普通成人要高出一个5度音程，而格列佛——比佳的音调比普通成人的要低5个音度。

声音就可以利用"时间放大镜"的技术进行这样巧妙的处理。留声机的速度如果快于或者慢于录音速度的话，也会显现这种效果。

乍一看，这个题目和声音、物理学好像没什么关系。不过，它可以帮助我们更好地分析后面的内容。

大家在其他地方可能也见过这道题的其他形式：每天中午，都会有两列火车同时出发，一列从莫斯科开往海参崴，一列从海参崴到莫斯科。火车到达目的地需要10天。那么，在海参崴到莫斯科的这段旅途中，我们会遇到多少列火车？

一天可买到
两份新出版
的日报

最常见的答案是10列。但这是错误的，因为在旅途中，你不但会遇到出发后从莫斯科开出的火车，还会看到你出发前就在路上的火车，所以正确答案是20列。

第二个问题：从莫斯科开出的每列火车上都有当天出版的报纸。如果你对新闻感兴趣，就会在火车靠站时买报纸。那么在10天的行程中，你一共买了多少份新出版的报纸？

这下很容易回答了：20份。因为你共遇到20列火车，每列火车都会带来一份新报纸，这就意味着，你每天能读到两份报纸。

如果没有亲身经历过，大家可能还不太相信这样的结论。不过大家可以回忆一下，从塞瓦斯托波尔到圣彼得堡的行程需要2天，你共读到了圣彼得堡的4期报纸，而不是2期。在你出发前，圣彼得堡已经出版了2期；而路上的2天，它又出版了2期。

火车鸣笛

如果大家听力灵敏的话，应该也注意到：在两列火车相向行驶时，汽笛的音调发生了变化（不是声音，而是音调的高低变化）。汽笛的音调在两列火车逐渐靠近时比相互远离时要高一些。如果火车的速度是50千米／小时，音调低高差不多可以达到一个全音程的差别。

如果大家还没有忘记声音每秒的振动次数决定了音调高低的话，就可以很容易地想到其中的缘由了。解答这道题时，可以和前面一节的内容进行比较。迎面开来的火车汽笛声的振动次数是不变的，不过你听到的振动次数取决于你坐的这列火车的运行状态，要看它是迎面开过去，是停在原地，还是与对面列车相遇后再背向而驰。

就好像如果你坐火车到莫斯科，你每天可以读到2期日报一样。在这里，随着声源的靠近，你听到的汽笛每秒的振动次数比其实际振动次数要多。耳朵接收到的振动次数越多，听到的音调就越高。

相反的，当两列火车相遇后远去，听到的振动次数减少了，音调就低了。

如果你不能完全信服这个解释，你可以仔细想一想汽笛的声波传播方式。先看静止状态下的火车（图152）。

图152 关于火车鸣笛的问题。上面的曲线表示的是静止不动时火车鸣笛时的声波，下面表示的是运动的火车鸣笛时的声波。

为了便于理解，在这里，我们只讨论汽笛产生的其中4个声波（图上所示的波状线）：声音从静止的火车传来之后，朝各个方向传播的路程在同样长的时间段里是一样的。0号波到达观察者AB的时间相同；随后1号、2号和3号声波也同时到达他们的耳朵。两人一秒钟之内接收的振动次数相同，所以听到的音调也一样。

如果火车是从B向A开去（图下面的波状线），情况又不同了。假设汽笛在某一时刻的位置是C点，在发出4个声波之后，它已经到达D点了。

现在，我们来分析一下声波的传播。0号波从C点发出，同时到达A和B两位观察者处。4号波从D点发出，却不能同时到达AB：如果DA小于DB，4号波就会先到达A点。同样的，1号波和2号波也会先到A后到B，不过时间相差无几。于是A点的观察者就比B点的观察者接收的声波多，所以听到的音调也会高一些。与此同时，可以明显看出声波向A方向传播的波长比向B方向的短一些。有一点要注意，图中的波状线并不是声波的形状。实际上，空气微粒不是与声音传播方向垂直的横波，而是沿着声音方向的纵波。为了方便读者理解，这里画成了垂直方向的。图中波峰是指纵波方向上声音压缩得最厉害的地方。

多普勒现象是由物理学家多普勒发现的，所以这种现象总是与这位科学家的名字紧密联系。因为光也是沿波浪形曲线传播的，所以光线和声音一样，也有这种现象。光波频率增多，我们的眼睛就会看到颜色发生了变化。声波频率增多，我们就会听到音调变高。

"多普勒现象"

天文学家利用多普勒定律不仅可以说明星体的运行方向是靠近地球的还是远离地球的，还能够测量星体的移动速度。

之所以能够做到这些，是因为光谱上的一些暗线会向一旁移动。通过对天体光谱线上暗线移动方向和距离的观察，天文学家们就能得出一系列惊人的发现。在多普勒现象的帮助下，我们知道了天狼星——天空中最亮的星星，是以75千米／秒的速度远离我们的。因为这颗星离我们实在太远了，所以它的位置即使再离远几十万万千米，它的亮度也不会改变。多亏有了多普勒现象的帮助，我们才能知道这个天体的运动情况。

这个例子再次说明，物理学真是包罗万象。物理学发现了几米长的声波规律后，又把它应用到只有万分之几毫米长的声波上，并利用这些知识测量了在宇宙中飞行的星体的运动方向和速度。

物理学家的一笔"罚单"

多普勒在1842年就发现了这样一个现象：随着观察者不断接近或者远离声源或者光源，他所感受到的声波或者光波的波长也会相应发生变化。于是，他产生了一个大胆的设想，恒星颜色的产生和变化也是因为这个原因造成的。多普勒认为，恒星本身应该是白色的，之所以一些恒星看上去是有颜色的，是因为对我们来说，它们是运动的，而且是在进行调整运动。当恒星向地球快速靠近时，向在地球上的观察者们发出的光波是已经缩短了的，所以观察者看到的光是蓝色的、绿色的，还有紫色的。当恒星远离地球的时候，观察者们看到的光就是黄色的或红色的了。

这个想法很独特，但却可以肯定是错误的。我们的眼睛要是能够发现恒星因为快速移动而发生的色彩变化的话，这些恒星的速度得达到非常大才行，也就是要达到每秒钟移动几万千米。而且不仅如此，当向地球靠近的白色恒星发出的光由蓝色变成紫色的话，在光谱上，它后来发射出的绿线就会变成蓝线，紫线就变成了紫外线，而红外线就变成了红线。也就是说，白光本身的各种成分并没有消失，虽然光谱上的各种颜色发生了位置的变化，但是在我们看来，我们是不会感觉到这些颜色有什么改变的。

相对于观察者而言，处于运动状态的恒星，它们在光谱中的暗线也会发生移动，这又是另外一回事了。我们可以使用精确的仪器测出这些变动，也可以根据看见的光线，算出恒星的运动速度（一个好的分光镜能够准确测量出1千米／秒的恒星速度）。

现代物理学家伍德有一次因为车开得太快，当红色信号灯亮起时没来得及停车，直接闯了过去。当警察正准备对他进行罚款时，伍德突然想起多普勒所犯的这个错误。据说伍德当时跟交通警察是这样解释的："在我快速开始行驶时，远处的红色信号灯看起来就是绿色的。"这位警察如果也懂物理学的话，一定能够算得出，如果这位物理学家的辩解真能成立的话，就意味着他的汽车速度要达到13500万千米／小时，这是根本不可能的。

下面就是计算方法。从光源发出的波长（就是指红色信号灯），我们用z来表示；观察者（也就是物理学家伍德）看到的波长，我们用f来表示；汽车速度，我们用v来表示；c则表示光速。那么，这些数据之间的关系为

$$\frac{l}{y} = 1 + \frac{v}{c}$$

我们知道，红色光中最短的波长是0.0063毫米，绿色光中最长的波长为0.0056毫米，光速是300000千米／秒，可得：

$$\frac{0.0063}{0.0056} = 1 + \frac{v}{300000}$$

代入数据，我们可以算出汽车的速度是：37500千米／秒，如果换算成以小时为计算单位的数据，就是135000000千米／小时。如果伍德的车速达到了这么快个速度，他只需要开1个小时多一点儿的时间，就能从警察身边直接飞到比太阳还远的地方去了。不过据说这位物理学家最后并没有蒙混过关，他被警察以超速行驶的理由罚了款。

我们以声速离开时，会听到什么

当你采用和声音一样的速度离开一个正在演奏的音乐会时，你会听到什么呢？

如果有一个人坐在邮政列车上从圣彼得堡出发，那么他看到的车站上所有卖报者手中的报纸肯定都是同一天的，就是这个人出发当天出版的。这个很容易理解。因为报纸是跟着这位乘客走的，新的报纸就在他后面的车厢上。同样的道理，我们似乎能得出这样的结论：当你用和声音一样的速度离开音乐会的时候，我们在这段时间听到的音调都是在我们出发时的音乐会发出来的那个音调。

实际上，这种答案并不正确。如果当时你是以声音的速度离开的，那么对你来说，这些声音就是静止的，因为你的耳膜不会受到任何震动了。所以，你根本听不到任何声音。你可能会觉得，乐队的演奏已经停止了。

为什么这与刚才报纸的情况不一样呢？因为我们所用的类比是错误的。这位乘客到了所有的车站看到的都是同一期的报纸。如果他忘记了自己是处在运动的状态，就会认为自己出发地的报纸是不是已经停止出版了。对这位乘客来说，报纸就像是停刊了。而对你这位要离开音乐会的听众来说，乐队则好像是停止演奏了。有意思的是，这个问题其实并不难解释，可是有时候连科学家都会在这个问题上犯糊涂。曾经有一位天文学家（已经过世了）在我还是一个中学生的时候，就不同意上面那道题的解答过程。他认为，当我们用和声音一样的速度离开的时候，耳朵里听到的应该是同一个音调。我们可以从他写的信中看到他对这一观点的论证过程：

假设现在有一个声音处于某个正在演奏的声调上。它在过去是这样响的，在现在、将来依然会这样无休止地响下去。所以在这个空间中的听众，听到的肯定还是那个声音，不会有改变。所以，当我们以声音的速度，甚至是思想的速度，来到这个空间的时候，是不可能听不到这个声音的。

同样的，他还论证了另一个观点：当一个观察者以光速离开闪电的时候，他还是会一直看到这个闪电，而不会间断。

他在给我的回信中这样写道：

> 假设在空间中有一排紧紧挨着的眼睛，每一只眼睛都应该能够接收到前一只眼睛所收到的闪电的印象。再假设你现在就在其中一只眼睛所在的位置——不管是哪一只，很显然，你肯定一直都能够看到这个闪电。

显而易见，这位天文学家的两种观点和解释都是错误的。在上面的情况下，我们根本听不到声音，也不可能看到闪电。原因很明显，在前文中我们已经讲到过：如果 $v=-c$，就意味着眼睛能看到的 l' 是无限的了，也就是说光波是不存在的了，这显然是不可能的。

感　谢

在本书的翻译过程中，得到了项静、尹万学、周海燕、项贤顺、张智萍、尹万福、杜义的帮助与支持，在此一并表示感谢。